变电站二次回路
故障分析与排查

BIANDIANZHAN ERCI HUILU
GUZHANG FENXI YU PAICHA

主　编　朱亚志
副主编　索春梅
编　写　姜晓华　李　俊

中国电力出版社
CHINA ELECTRIC POWER PRESS

内 容 提 要

本书结合变电运维专业的实际，以解决实际问题为目的，强化变电运维专业的重点工作，突出现场工作人员的技术水平培养，以提高变电站常规二次回路故障分析和排查的能力。

本书共分为四单元，主要包括隔离开关、三相操作断路器、分相操作断路器和变压器冷却系统二次回路故障分析与排查。本书结合郑州万特电气有限公司研发的二次排故仿真培训系统，侧重于二次回路的典型故障类型及其现象阐述了常用的查找和处理方法。

本书可作为发电厂及电力系统专业和供用电技术专业学生的学习指导书，也可作为变电运维专业人员相关技术工作人员的培训教材。

图书在版编目（CIP）数据

变电站二次回路故障分析与排查/朱亚志主编. —北京：中国电力出版社，2019.2（2024.1 重印）

ISBN 978-7-5198-2724-3

Ⅰ.①变…　Ⅱ.①朱…　Ⅲ.①变电所-电气回路-二次系统-故障修复　Ⅳ.①TM645.2

中国版本图书馆 CIP 数据核字（2018）第 284478 号

出版发行：中国电力出版社
地　　址：北京市东城区北京站西街 19 号（邮政编码 100005）
网　　址：http：//www.cepp.sgcc.com.cn
责任编辑：乔　莉（010-63412535）
责任校对：黄　蓓　闫秀英
装帧设计：王英磊　郝晓燕
责任印制：钱兴根

印　　刷：北京锦鸿盛世印刷科技有限公司
版　　次：2019 年 2 月第一版
印　　次：2024 年 1 月北京第四次印刷
开　　本：710 毫米×1000 毫米　16 开本
印　　张：4.75
字　　数：85 千字
定　　价：32.00 元

前　　言

为适应国家电网公司对生产一线运行与检修人员的要求，加强变电运行、变电检修、继电保护等岗位工作人员的技能水平，提高一线技术人员业务素质和实际操作能力，在变电站二次回路故障排查培训系统的基础上，黑龙江省电力有限公司技能培训中心与郑州万特电气有限公司共同研发了变电站二次回路故障排查培训系统，其中包括隔离开关、三相操作断路器、分相操作断路器和变压器冷却系统二次回路的操作培训。本书由具有多年培训经验的专业教师与厂家共同合作编写。

本书共分为四单元，第一单元为隔离开关操作系统二次回路故障分析与排查，由朱亚志编写；第二单元为三相操作断路器二次回路故障分析与排查，由李俊编写；第三单元为分相操作断路器二次回路故障分析与排查，由索春梅编写；第四章为变压器冷却系统二次回路故障分析与排查，由姜晓华编写。在本书的编写过程中，得到了变电站二次排故系统制造厂家郑州万特电气有限公司技术人员的大力支持，在此表示感谢。

由于时间仓促，编者水平有限，不足之处，恳切希望广大读者提出宝贵意见。

编　者

2018 年 12 月

目　　录

单元一　隔离开关操作系统二次回路故障分析与排查

隔离开关作为电力系统中使用较多、操作比较频繁的开关设备，使用于各类发电厂、变电站的各个电压等级配电装置中。它的操作方式也各不相同，分手动操作和电动操作。本单元主要介绍隔离开关电动操动机构的控制回路和动力回路中可能出现的各类典型故障，并对这些故障进行判断、分析、查找和处理。

【系统简介】

一、一次系统接线

220kV 一次系统接线图如图 1-1 所示。

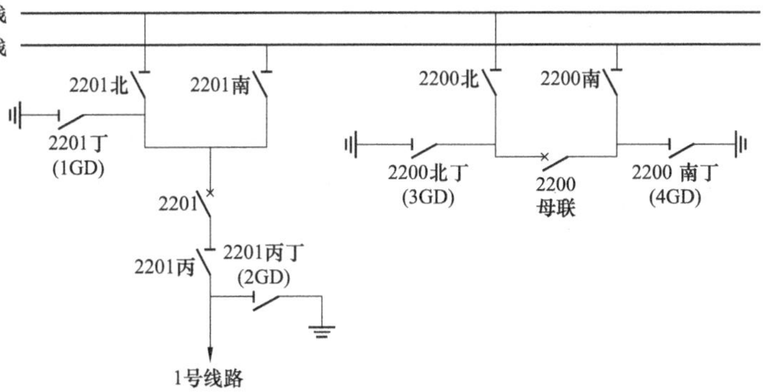

图 1-1　220kV 一次系统接线

1. 接线形式

接线形式采用双母线接线。

2. 联锁关系

本系统按照五防要求设置联锁关系。

（1）所有隔离开关必须在本回路断路器处在分闸位置时，才能进行分合闸操作。

为方便学生学习和理解，本书部分电气元件的图形符号和文字符号与培训系统保持一致，未采用国家标准符号。

（2）不停电倒母线时，在母联回路没有接通时，2201 北隔离开关合闸时禁止合 2201 南隔离开关，2201 南隔离开关合闸时禁止合 2201 北隔离开关。

（3）不停电倒母线时，在母联回路接通时，2201 北隔离开关合闸时才允许操作 2201 南隔离开关，2201 南隔离开关合闸时才允许操作 2201 北隔离开关。

二、二次系统

对应一次回路（图 1-1），出线回路中 2201 北、2201 南隔离开关和 2201 丙隔离开关的操作系统二次回路主要由两部分组成，即控制回路和动力回路。

1. 控制回路的组成

控制回路主要由电源控制开关（或熔断器）、联锁电路、控制元件、执行元件和机械闭锁元件组成。2201 北隔离开关控制回路系统接线情况如图 1-2 所示。

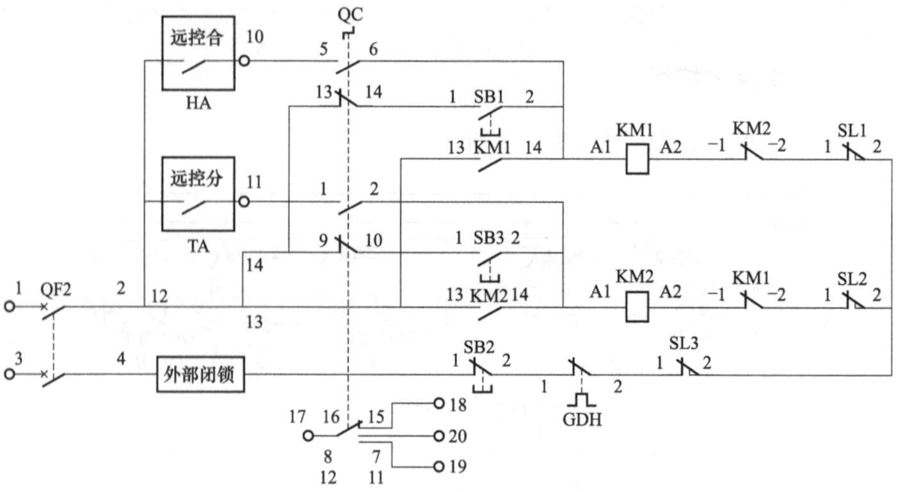

图 1-2　2201 北隔离开关控制回路系统接线

（1）电源控制开关，见图 1-2 中 QF2。其主要作用是根据需要给控制回路送电和停电；在控制回路短路故障时迅速切断电路，保证回路中的电气元件不被损坏。

（2）联锁回路，见图 1-2 中 DL1、DL2、GBM 小母线、ZJ1、ZJ2 等。它们的主要功能是满足五防要求，防止带负荷拉合隔离开关等。

（3）控制元件，见图 1-2 中 QC（远控、近控、手动转换开关），HA（远控合闸按钮），TA（远控分闸按钮），SB1（近控合闸按钮）、SB2（停止操作按钮）、SB3（近控分闸按钮）。它们的主要功能是分别以不同方式发出分闸、合闸和停止操作的指令。

（4）执行元件，见图 1-2 中 KM1（合闸控制接触器）、KM2（分闸控制接触器）。它们的主要功能是根据指令由 KM1 励磁接通电动机合闸电源回路，由 KM2 励磁接通电动机分闸电源回路。

（5）机械闭锁部分，见图 1-2 中 SL1（合闸终止行程开关）、SL2（分闸终止行程开关）、SL3（行程开关）、GDH（电动机保护器动作停止操作接点）。它们的主要作用是在分合闸到位时停止动作及电动机故障时停止操作。

2. 动力回路的组成

动力回路主要由断路器、分合闸接触器、电动机保护装置和电动机组成。2201 北隔离开关动力回路系统接线情况如图 1-3 所示。

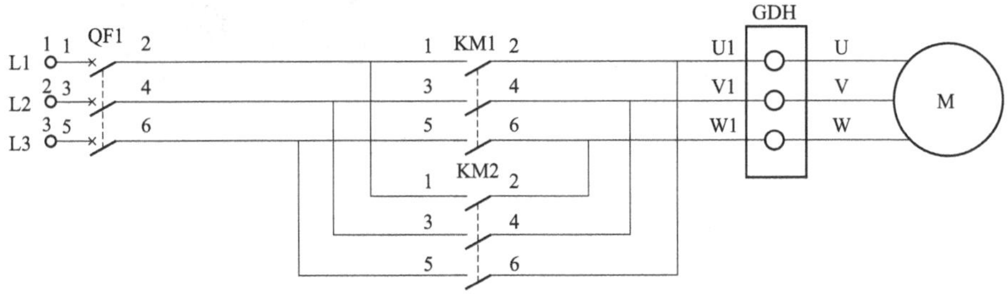

图 1-3　2201 北隔离开关动力回路系统接线

（1）断路器，见图 1-3 中 QF1。其主要作用是对分合闸电动机电源回路停送电和对动力回路保护。

（2）分合闸接触器，见图 1-3 中 KM1（合闸接触器）、KM2（分闸接触器）。它们主要作用是 KM1 励磁接通正序电源回路，电动机正转，带动隔离开关进行合闸；KM2 励磁接通负序电源回路，电动机反转，带动隔离开关进行分闸。

（3）电动机保护装置，见图 1-3 中 GDH。其主要作用是，当电动机发生过负荷、缺相、堵转和短路等故障时，其辅助触点断开，切断接触器控制回路，使接触器失磁，从而切断电动机电源。

（4）分合闸电动机，见图 1-3 中 M。其主要作用是通过正反转拖动隔离开关分合闸。

案例一　2201 北隔离开关合闸回路断线无法合闸

一、故障查找及现象

1. 联锁关系验证

（1）1#线路 2201 断路器处在分闸位置，如图 1-4 所示。

（2）母联断路器 2200 在分闸位置时，2201 南隔离开关也在分闸位置，如图 1-5 所示；2201 南隔离开关在合位时，母联断路器 2200 回路也在接通位置，如图 1-6 所示。

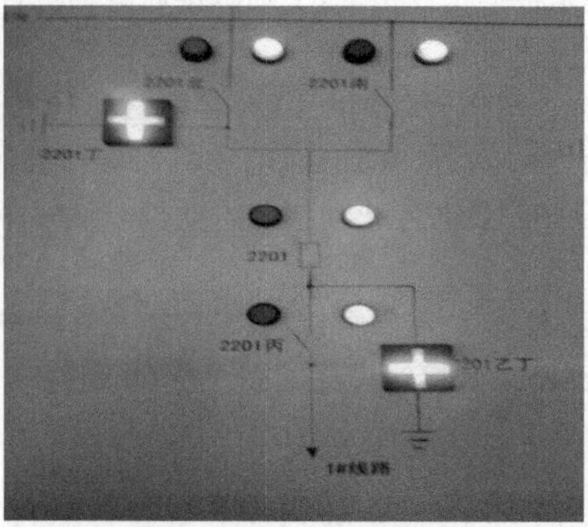

扫码观看彩图

图 1-4　1#线路 2201 断路器位置

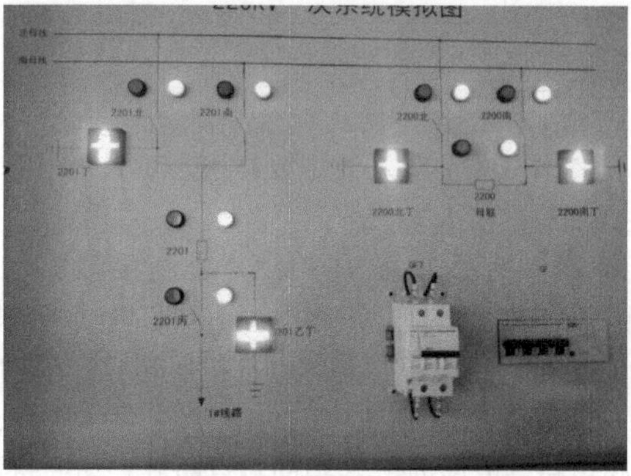

扫码观看彩图

图 1-5　母联断路器 2200 回路和 2201 南隔离开关位置

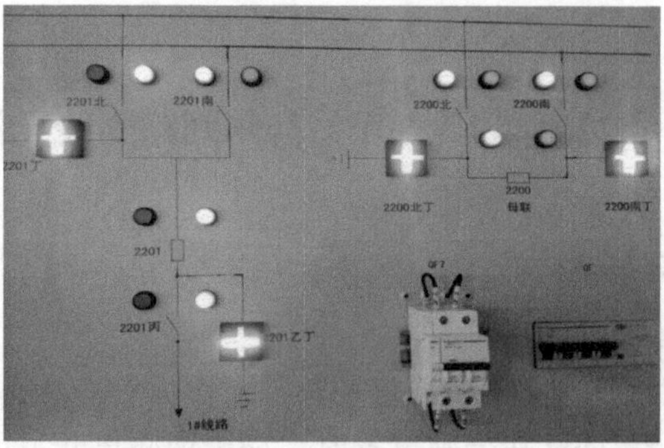

扫码观看彩图

图 1-6　母联断路器 2200 回路和 2201 南隔离开关位置

2. 分、合闸操作验证

对故障隔离开关 2201 北隔离开关进行分、合闸操作，验证故障确实存在。注意：在验证操作时，要使（远方/就地）转换开关 QC 与验证操作使用的操作方式相对应，即在远方操作位置时使用远方控制按钮验证操作，如图 1-7 所示；在就地操作位置时使用就地控制按钮验证操作，如图 1-8 所示。

扫码观看彩图

图 1-7　远方操作位置

扫码观看彩图

图 1-8　就地操作位置

二、故障分析

由于隔离开关的控制回路不同于断路器控制回路，所以无法根据信号灯判断分合闸控制回路是否完好，只能根据隔离开关的控制回路和动力回路接线图（图 1-2、图 1-3）进行具体分析。

根据隔离开关操作的控制和动力回路原理图分析，可能的原因有控制回路故障、动力回路故障和操动机构故障。

(1) 控制回路故障：电源故障，主令开关（或按钮）故障，接触器故障，控制回路断线。

(2) 动力回路故障：电源故障，动力回路断线，电动机保护（或者热继电器）动作，分合闸电动机故障。

(3) 操动机构机械故障：隔离开关操动机构限位行程开关未到位，操动机构机械卡滞。

以上各种故障都有可能造成隔离开关无法合闸，需要在故障查找中逐步排除确定故障范围。

三、故障查找

根据上述分析，在查找故障时首先需要采用排除法确定故障范围，尽可能将查找故障的范围缩小，便于查找。具体步骤如下：

(1) 将远方/就地转换开关 QC 切至“远方”位置进行合闸操作，确认能否合闸，如图 1-9 所示。将远方/就地转换开关 QC 切至“就地”位置进行合闸操作，确认能否合闸，如图 1-10 所示。如果都无法合闸，则排除远方控制主令开关（或按钮）故障，将转换开关 QC 切至“就地”位置进一步查找。

扫码观看彩图

图 1-9　远方合闸

扫码观看彩图

图 1-10　就地合闸

（2）用就地操作按钮 SB1 合闸，查看合闸接触器 KM1 是否动作。如果合闸接触器 KM1 动作，则故障在动力回路或者隔离开关的机械传动机构；如果合闸接触器 KM1 不动作，则判断在隔离开关的控制回路中可能有断线。

（3）因为隔离开关控制回路采用交流电源，因此当在控制回路中确认有断线后，应按如下方法查找：

1）验电笔快速查找法

a. 用验电笔检验控制回路电源正常，并确认验电笔正常。

b. 用验电笔分别测试按钮 SB1 两端，如果两端验电笔都不亮，说明断点在按钮 SB1 的 1 点和电源相线 L 之间，即故障点可能在 SB1 的 1 点至 QF2 的 2 点之间，如图 1-11 所示；如果 SB1 的 1 点亮，按下按钮再用验电笔试 SB1 的 2 点，如果 SB1 的 2 点也亮说明按钮本身没有问题，确认断点在按钮 SB1 的 2 点和电源中性线 N 之间，即断线点可能在图 1-11 中 SB1 的 2 点至 QF2 的 4 点之间。

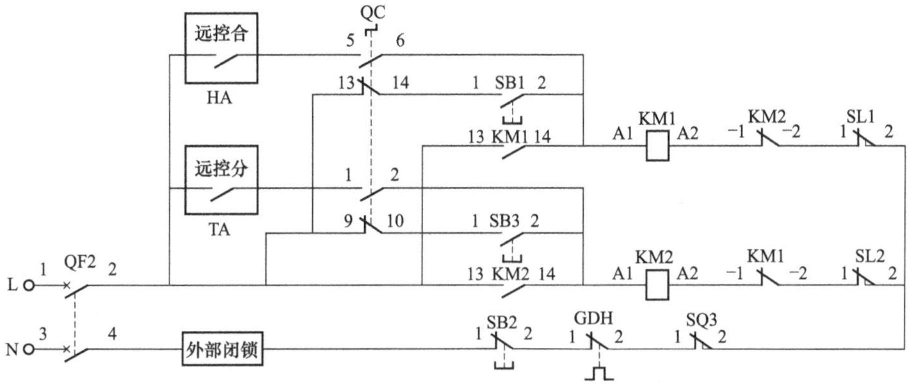

图 1-11　2201 北隔离开关控制回路图

c. 如果断点在按钮 SB1 和电源相线 L 之间，根据图 1-11，用验电笔由按钮 SB1 向 L 端逐个接点测试（注意：查找断点时要把任意两个接点之间的导线视为电气元件，其两端的接点要分别测试）。如图 1-12 所示，测试顺序为：①QC 的

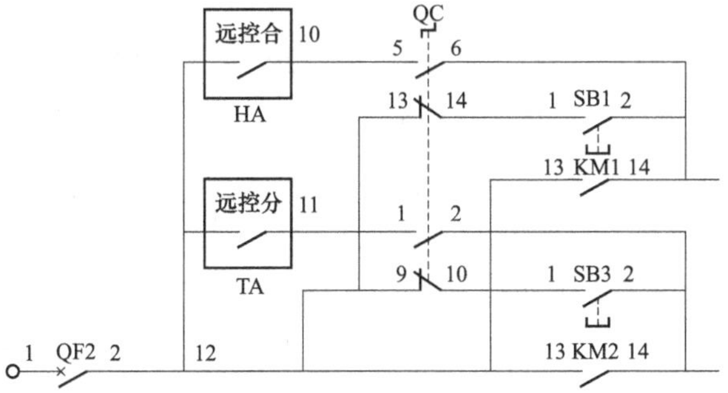

图 1-12　断点在按钮前端查找示意图

14 点；②QC 的 13 点；③QF2 的 2 点。到哪个接点验电笔亮了，则说明断点在这个点和刚刚测试过的接点之间。例如，验电笔在 QF2 的 2 点亮，则断点在 QC 的 13 点和 QF2 的 2 点之间。

d. 如果断点在按钮 SB1 和电源中性线 N 之间，则两人配合，一人按下按钮 SB1 并保持，另一人用验电笔由按钮 SB1 向 N 端逐个接点测试。如图 1-13 所示，测试顺序为：①KM1 线圈的 A1 点；②KM1 线圈的 A2 点；③KM2 的-1 点；④KM2 的-2；⑤SL1 的 1 点；⑥SL1 的 2 点；⑦SL3 的 2 点；⑧SL3 的 1 点；⑨GDH 的 2 点；⑩GDH 的 1 点；⑪SB2 的 2 点；⑫SB2 的 1 点；⑬QF2 的 4 点。到哪个接点验电笔灭了，则说明断点在这个点和刚刚测试的接点之间。例如，验电笔在 SL1 的 1 点灭，则说明断点在 SL1 的 1 点和 KM2 的-2 点之间。

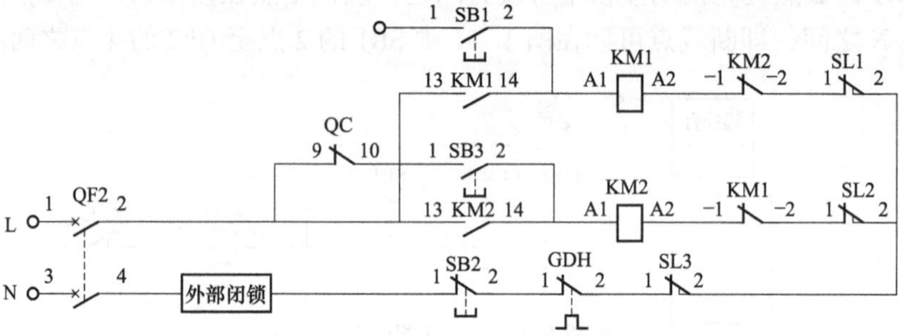

图 1-13　断点在按钮后端查找示意图

2）万用表查找断线点法。用万用表查找交流控制回路断线点时必须注意到，如果回路中有两个及以上断点时，各断点之间相当于几个串联电容器，如图 1-14 所示。用万用表测量各断点电压时会产生分压现象，而且分压不均匀，有的断点分压较高（电容量小），有的断点分压较低（电容量大）。由于这些电容形成的阻抗值远远大于回路中电气元件线圈的阻抗，所以通常情况下用万用表测不出电气元件线圈两端的电压。因此，若用万用表测得一定电压值，则可以视为断点。

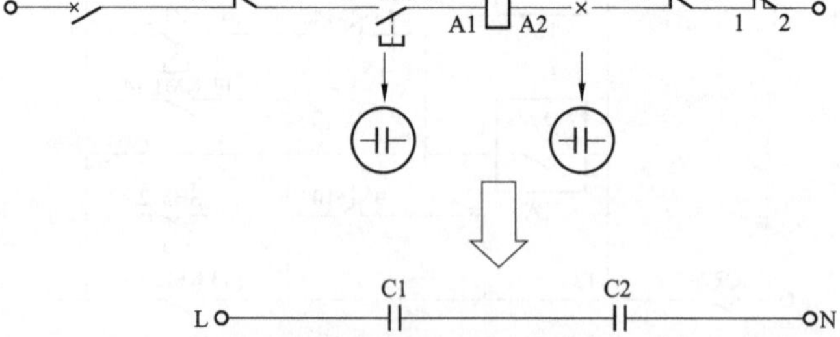

图 1-14　交流回路断点示意图

a. 将万用表切至大于 380V 的交流电压挡，确认控制回路电源电压正常。

b. 测量合闸按钮两端 SB1 的 1 点和 2 点之间电压，如果是全电压（220V），按下按钮再测量一次，电压还是 220V，说明按钮故障；电压是“0”，则按钮正常。如果不是全电压（小于 220V），说明回路中还有其他断点，如图 1-15 所示。

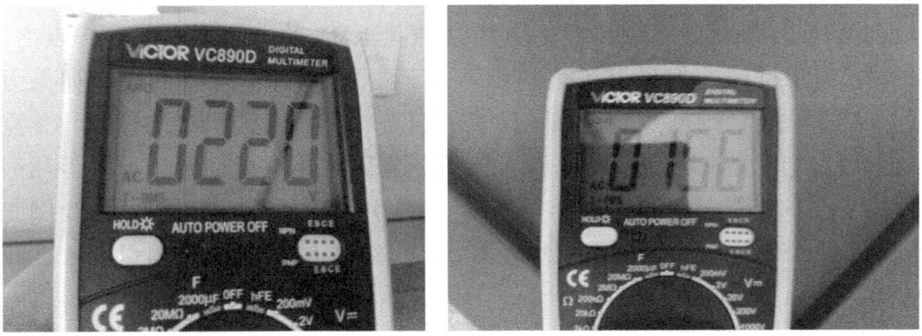

(a)　　　　　　　　　　(b)

图 1-15　测量合闸按钮示意图

（a）全电压；（b）非全电压

c. 判断为回路有断点后，依据图 1-11，再用万用表测量按钮 SB1 N 侧的 2 点和电源相线 L 端 QF2 的 2 点之间电压。如果为全电压（220V），则回路断点在按钮 SB1 和电源相线 L 之间；如果电压和按钮两端电压相同，则回路断点在按钮 SB1 的 2 点和电源中性线 N-QF2 的 4 之间。

d. 如果断点在按钮 SB1 的 1 点和电源相线 L 端 QF2 的 2 点之间，将万用表的一支表笔接于按钮 SB1 N 侧的 2 点，另一支表笔从按钮 SB1 向电源相线 L 端逐个接点测试。如图 1-12 所示，测试顺序为：①QC 的 14 点；②QC 的 13 点；③QF2 的 2 点。万用表测到哪个点电压变成 220V，则断点在这个接点和刚刚测过的接点之间。用万用表测量查找到的断点两端，如果有一定数值的电压存在，即可确认此处为回路断线的断点。

e. 如果断点在按钮 SB1 的 2 点和电源中性线 QF2 的 4 点之间，将万用表的一支表笔接于按钮 SB1 L 端的 1 点，另一支表笔从按钮 SB1 向电源中性线 N 端逐个接点测量。如图 1-13 所示，测试顺序为：①KM1 的 A1 点；②KM1 的 A2 点；③KM2 的-1 点；④KM2 的-2；⑤SL1 的 1 点；⑥SL1 的 2 点；⑦SL3 的 2 点；⑧SL3 的 1 点；⑨GDH 的 2 点；⑩GDH 的 1 点；⑪SB2 的 2 点；⑫SB2 的 1 点；⑬QF2 的 4 点。万用表测到哪个点电压变成 220V，则断点在这个接点和刚刚测过的接点之间。用万用表测量这两点电压，如果有一定数值的电压存在，即可确认此处为回路断线的断点。

3）控制回路停电查找方法。停电后的控制回路，除了电阻以外没有其他参数可以测量，所以只能使用万用表通过测量回路电阻值的方法来查找断线点。

a. 拉开 QF2，停用控制回路电源。

b. 用万用表的交流电压挡（≥380V）测量控制回路，确认没有电压。

c. 将万用表切至“导通”挡，检测是否正常。

d. 第一步，依据图 1-11，用万用表测量 KM1 的 A1 至 QF2 的 2 点之间，同时按下 SB1 按钮，如果万用表显示“导通”则断点不在此回路，如果万用表显示“不导通”则断点在此回路；第二步，用万用表测量 KM1 的 A2 点至 QF2 的 4 点之间，如果万用表显示“导通”则断点不在此回路，如果万用表显示“不导通”则断点在此回路；第三步，用万用表电阻挡测量 KM1 线圈是否正常。如此查找测试后，即可判断断点在 KM1 的前面还是后面或者 KM1 线圈。

四、故障处理方法

在确认回路断点后，处理方法如下：

（1）查找到断点后，用回路短连线将断点两端的两个接点以接触的方式连接起来，用合闸按钮进行操作试验。如果合闸成功，则证明断点查找准确。

（2）确认断点准确后，可以根据故障模拟情况，在接线图上找到模拟断点的两个端子，用短连线将两个端子连接起来。用合闸按钮进行合闸操作，如果合闸成功，则证明断点查找准确。

案例二　2201 北隔离开关控制回路断线无法分合闸操作

一、故障查找及现象

1. 联锁关系验证

与案例一相同，要到控制屏确认不是因为 2201 北隔离开关的控制回路五防联锁关系造成控制回路无法接通。

2. 分、合闸操作验证

对故障隔离开关 2201 北隔离开关进行分、合闸试验，将（远方/就地）转换开关与实际操作方式相对应，验证故障确实存在。注意：在验证操作时，可能隔离开关处于分闸（合闸）位置无法合闸（分闸），无法验证隔离开关处在合闸（分闸）位置无法分闸（合闸）故障。此时可以采取手动操作，将（远方/就地）转换开关切至“手动”位置，利用手柄手摇将隔离开关合闸（分闸）后，再进行分闸（合闸）验证。

二、故障分析

1. 现象分析

在实际应用中，隔离开关操作系统故障是没有办法给出具体故障的。本案例虽然是 2201 北隔离开关无法分合闸操作，但是故障现象可能是无法合闸，也可能是无法分闸。在查找故障时要考虑到两种情况：

（1）按照实际隔离开关故障现象进行处理，即如果是合闸操作中遇到故障无法合闸就按照无法合闸处理；如果是分闸操作中遇到故障无法分闸就按照无法分闸处理。最终都会找到故障点。

（2）利用隔离开关的操动机构具有的手动操作功能，进一步验证隔离开关是否无法合分闸。即如果故障现象是无法合闸，就手动用操作手柄手摇合闸，再进行“就地”分闸操作验证；如果故障现象是无法分闸，就手动用操作手柄手摇分闸，再进行“就地”合闸操作验证。这样确认是无法合分闸之后再进行查找故障。

2. 原因分析

造成隔离开关 2201 北隔离开关无法合分闸的原因：

（1）控制回路故障：电源故障，主令开关（或按钮）故障，接触器故障，控制回路断线。

（2）动力回路电源故障：电源故障，动力回路断线，电动机保护（或者热继电器）动作，分合闸电动机故障。

（3）操动机构机械故障：隔离开关操动机构限位行程开关未到位，操动机构机械卡滞。

三、故障查找

（一）未经手动操作验证时的故障查找

1. 故障现象是无法合闸

查找方法与案例一相同。

2. 故障现象是无法分闸

带电查找的具体方法如下：

（1）将远方/就地转换开关切至“远方”位置进行分闸操作，确认无法分闸，如图 1-16 所示；将远方/就地转换开关切至“就地”位置进行分闸操作，确认无法分闸，如图 1-17 所示。如果都无法分闸，则排除远方控制主令开关（或按钮）故障，将转换开关切至“就地”位置进一步查找。

（2）用就地操作按钮分闸，查看分闸接触器是否动作。如果分闸接触器动作，则故障在动力回路或者隔离开关的机械传动机构；如果分闸接触器不动作，则确认在隔离开关的控制回路中有断线或接触故障。

扫码观看彩图

图 1-16　远方分闸

扫码观看彩图

图 1-17　就地分闸

（3）因为隔离开关控制回路采用交流电源，因此确认在控制回路中有断线后，应按照如下方法进行查找。

1）验电笔快速查找法。

a. 用验电笔检验控制回路电源正常，并确认验电笔正常。

b. 用验电笔分别测试按钮 SB3 两端，如果两端验电笔都不亮，说明断点在按钮和电源相线 L 之间，即故障点可能在 SB3 的 1 点至 QF2 的 2 点之间，如图 1-18 所示；如果 SB3 的 1 点亮，按下按钮再用验电笔测试 SB3 的 2 点，如果 SB3 的 2 点也亮说明按钮本身没有问题，确认断点在按钮 SB3 的 2 点和电源中性线 N 之间，即断线点可能在图 1-18 中 SB3 的 2 点至 QF2 的 4 点之间。

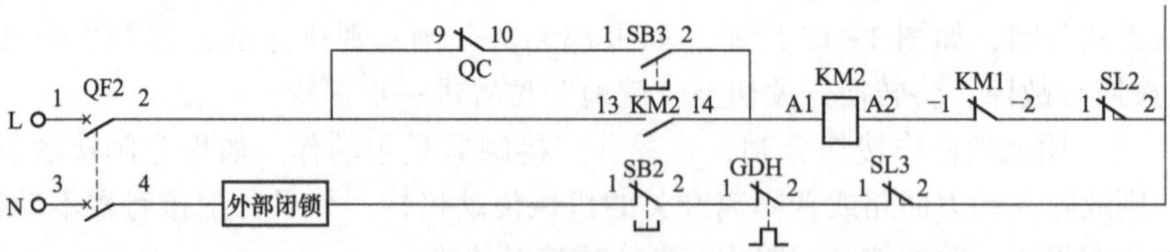

图 1-18　2201 北隔离开关控制回路图

c. 如果断点在按钮 SB3 和电源相线 L 之间，则根据原理图 1-11，用验电笔由按钮向 L 端顺序逐个接点测试（注意：查找断点时要将任意两个接点之间的导线视为电气元件，其两端的接点都要分别测试）。如图 1-19 所示，测试顺序为：①QC 的 10 点；②QC 的 9 点；③QF2 的 2 点。验电笔到哪个接点亮，则说明断点在这个点和刚刚测试的接点之间。例如，验电笔在 QC 的 9 点亮，则断点在 QC 的 9 点和 10 点之间。

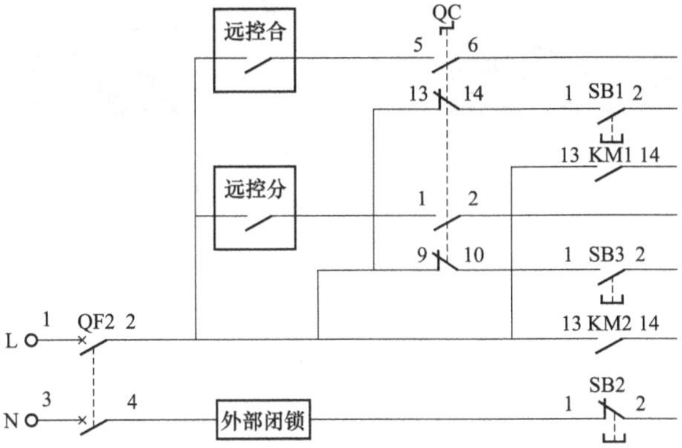

图 1-19　断点在按钮前端查找示意图

d. 如果断点在按钮 SB3 和电源中性线 N 之间，则两人配合，一人按下按钮 SB3 并保持，另一人根据原理图 1-11 用验电笔由按钮向 N 端逐个接点测试。如图 1-20 所示，测试顺序为：①KM2 的 A1 点；②KM2 的 A2 点；③KM1 的-1 点；④KM1 的-2 点；⑤SL2 的 1 点；⑥SL2 的 2 点；⑦SL3 的 2 点；⑧SL3 的 1 点；⑨GDH 的 2 点；⑩GDH 的 1 点；⑪SB2 的 2 点；⑫SB2 的 1 点；⑬QF2 的 4 点。验电笔到哪个接点灭，则说明断点在这个点和刚刚测试的接点之间。例如，验电笔在 SB2 的 2 点灭，则断点在 GDH 的 1 点和 SB2 的 2 点之间。

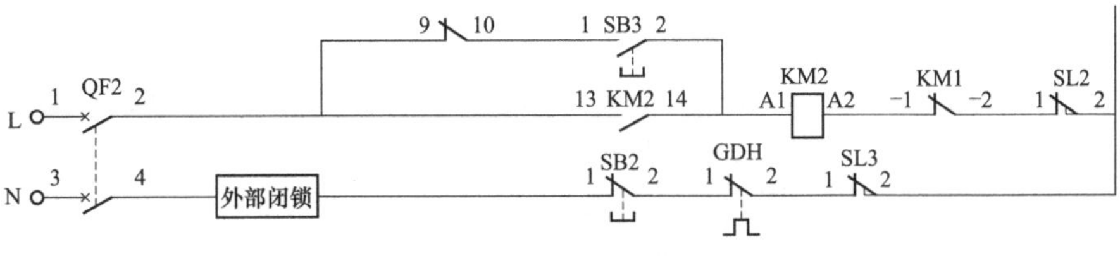

图 1-20　断点在按钮后端示意图

2）万用表查找断线点法。

a. 将万用表切至大于 380V 的交流电压挡，确认控制回路电源电压正常。

b. 测量合闸按钮两端 SB3 的 1 点和 2 点之间电压，如果是全电压（220V），按下按钮再测量一次，电压还是 220V，说明按钮故障；如果不是全电压（小于

220V），说明回路中还有其他断点，如图 1-21 所示。

(a)

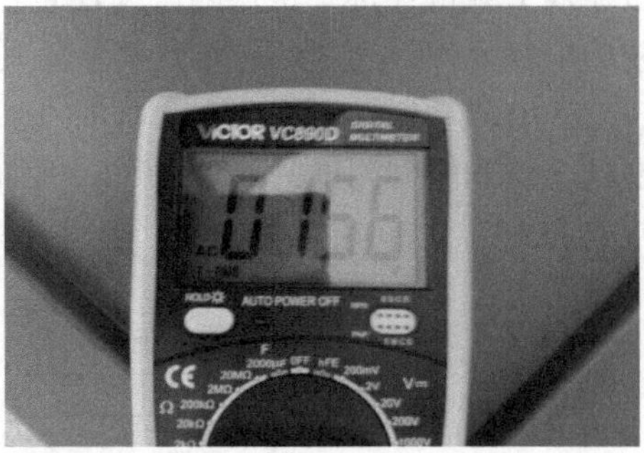

(b)

图 1-21　测量合闸按钮示意图

（a）全电压；（b）非全电压

c. 判断为回路有断点后，再用万用表测量按钮 SB3 的 2 点和电源相线 L 端 QF2 的 2 点之间电压，如果为全电压（220V），则回路断点在按钮和电源相线 L 之间；如果电压和按钮 SB3 两端电压相同（小于 220V），则回路断点在按钮 SB3 的 2 点和电源中性线 N 端 QF2 的 4 点之间。

d. 如果断点在按钮 SB3 的 1 点和电源相线 L 端 QF2 的 2 点之间，将万用表的一支表笔接于按钮 SB3 的 2 点，另一支表笔从按钮向电源相线 L 端顺序逐个接点测试。如图 1-19 所示，测试顺序为：①QC 的 10 点；②QC 的 9 点；③QF2 的 2 点。万用表测到哪个点电压变成 220V，则断点在这个接点和刚刚测过的接点之间。用万用表测量查找到的断点两端，如果有一定数值的电压存在，即可确认此处为回路的断点。

e. 如果断点在按钮 SB3 的 2 点和电源中性线 N 端 QF2 的 4 点之间，将万用表的一支表笔接于按钮 SB1 的 1 点，另一支表笔从按钮 SB1 向电源中性线 N 端顺序逐个接点测量。如图 1-20 所示，测试顺序为：①KM2 的 A1 点；②KM2 的 A2 点；③KM1 的-1 点；④KM1 的-2；⑤SL2 的 1 点；⑥SL2 的 2 点；⑦SL3 的 2 点；⑧SL3 的 1 点；⑨GDH 的 2 点；⑩GDH 的 1 点；⑪SB2 的 2 点；⑫SB2 的 1 点；⑬QF2 的 4 点。万用表测到哪个点电压变成 220V，则断点在这个接点和刚刚测过的接点之间。用万用表测量查找到的断点两端，如果有一定数值的电压存在，即可确认此处为回路断线的断点。

3）控制回路停电查找方法。停电后的控制回路，除了电阻以外没有其他参数可以测量，所以只能使用万用表通过测量回路电阻值的方法来查找断线点。

a. 拉开 QF2，停用控制回路电源。

b. 用万用表的交流电压挡（≥380V）测量控制回路，确认没有电压。

c. 将万用表切至“导通”挡，检测是否正常。

d. 第一步，依据图 1-20 用万用表测量 KM2 的 A1 点至 QF2 的 2 点之间，同时按下 SB3 按钮，如果万用表显示“导通”则断点不在此回路，如果万用表显示“不导通”则断点在此回路；第二步，用万用表测量 KM2 的 A2 点至 QF2 的 4 点之间，如果万用表显示“导通”则断点不在此回路，如果万用表显示“不导通”则断点在此回路；第三步，用万用表电阻挡测量 KM2 线圈是否正常。如此测试后，即可判断断点在 KM2 的前面还是后面或者 KM2 线圈。

（二）手动操作验证后的故障查找

在经过手动操作验证后，可以判定 2201 北隔离开关无法分合闸操作。故障范围缩小，查找故障的方法有所改变。

（1）将转换开关 QC 切至“就地”位置，用就地操作按钮分合闸，查看分、合闸接触器是否动作。如果分、合闸接触器动作，则故障在动力回路或者隔离开关的机械传动机构；如果分、合闸接触器不动作，则确认在隔离开关的分、合闸共用控制回路中有断线。

（2）确认在分、合闸共用控制回路中有断线后，控制回路不停电情况下，应按照如下方法进行查找：

1）验电笔快速查找法。

a. 用验电笔检验控制回路电源是否正常。

b. 将转换开关 QC 切至“就地”位置，用验电笔分别试 QC 的 9（或 13）点和 10（或 14）点，如果在两点验电笔都不亮，说明断点在 QC 和电源相线 L 端之间，即故障点可能在 QC 的 9（或 13）点至 QF2 的 2 点之间，如图 1-19 所示。如果 QC 的 10（或 14）点亮，则说明断点在合分闸公用回路到电源中性线 N 之间，即断点在 SL2（或 SL1）2 点到电源中性线 QF2 的 4 点之间，如图 1-20 所示。

c. 如果断点在 SL2（或 SL1）2 点到电源中性线 QF2 的 4 点之间，则两人配合，一人按下按钮 SB3（或 SB1）并保持，另一人根据原理图用验电笔由 SL2（或 SL1）2 点向 N 端逐个接点测试。如图 1-22 所示，测试顺序为：①SL2（或 SL1）的 2 点；②SL3 的 2 点；③SL3 的 1 点；④GDH 的 2 点；⑤GDH 的 1 点；

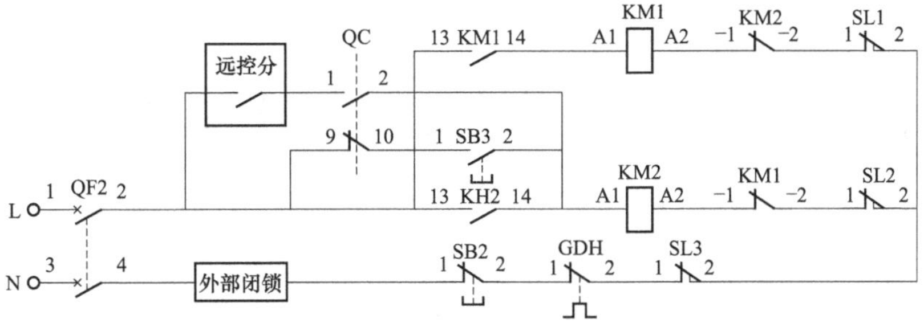

图 1-22　断点在限位开关至电源中性线之间查找示意图

⑥SB2 的 2 点；⑦SB2 的 1 点；⑧QF2 的 4 点。验电笔测试到哪个接点灭，则说明断点在这个点和刚刚测试的接点之间。例如，验电笔在 SB2 的 2 点灭，则断点在 GDH 的 1 点和 SB2 的 2 点之间。

2）万用表带电查找法。

a. 将万用表切至大于 380V 的交流电压挡，检验控制回路电源电压正常。

b. 已经判断断点在分、合闸共用控制回路，将万用表的一支表笔接于 QF2 的 2 点，另一支表笔接于 QC 的 9（或者 13）点。如果电压为 0V，则断点不在此回路，如果测到电压小于 220V，则断点在这个回路，如图 1-19 所示。

c. 如果断点在限位开关 SL2 的 2 点和电源中性线 N 端 QF2 的 4 点之间，将万用表的一支表笔接于按钮 SL2 的 2 点，另一支表笔从 SL2 向电源中性线 N 端顺序逐个接点测试。如图 1-22 所示，测试顺序为：①SL3 的 2 点；②SL3 的 1 点；③GDH 的 2 点；④GDH 的 1 点；⑤SB2 的 2 点；⑥SB2 的 1 点；⑦QF2 的 4 点。万用表测到哪个点电压变成小于 220V，则断点在这个接点和刚刚测过的接点之间。用万用表测量查找到的断点两端，如果有一定数值的电压存在，即可判断此处为回路断线的断点。

3）控制回路停电查找方法。

停电后的控制回路，除了电阻以外没有其他参数可以测量，所以只能使用万用表通过测量回路电阻值的方法来查找断点。

a. 拉开 QF2，停用控制回路电源。

b. 用万用表的交流电压挡（≥380V）测量控制回路，确认没有电压。

c. 将万用表切至“导通”挡，检测万用表是否正常。

d. 第一步，依据图 1-23，将“远方”“就地”转换开关 QC 切至“就地”位置，用万用表测量 KM1 的 A1（或 KM2 的 A1）至 QF2 的 2 点之间，同时按下

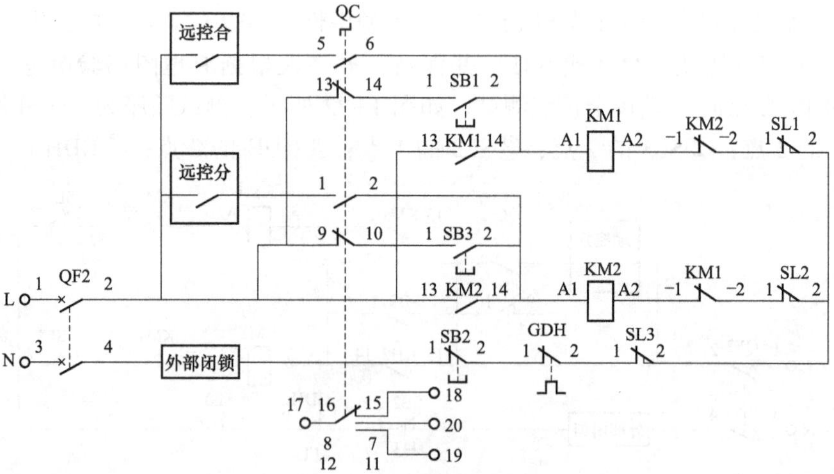

图 1-23　控制回路不带电查找断点示意图

SB1（或 SB3）按钮，如果万用表显示“导通”则断点不在此回路，如果万用表显示“不导通”则断点在此回路；第二步，用万用表测量 KM1 的 A2（或 KM2 的 A2）至 QF2 的 4 点之间，如果万用表显示“导通”则断点不在此回路，如果万用表显示“不导通”则断点在此回路；如此判断后，即可知道断点在 KM1（或 KM2）的前面还是后面。

四、故障处理方法

在确认回路断线的断点后，处理方法如下：

（1）查找到断点后，经确认无误，用回路短连线将断点两端的两个接点以接触的方式连接起来，用合闸按钮进行操作试验。如果合闸成功，则证明断点查找准确。

（2）查找到断点后，经确认断点准确后，可以根据故障模拟情况，在接线图上找到模拟断点的两个端子，用短连线将两个端子连接起来。用合闸按钮进行合闸操作，如果合闸成功，则证明断点查找准确。

案例三　2201 丙隔离开关无法分闸

一、故障现象

1. 联锁关系验证

确认不是 2201 丙隔离开关各种操作联锁回路闭锁故障使隔离开关无法操作。

2. 分闸操作验证

对 2201 丙隔离开关进行分闸操作验证，将转换开关 QS3 切至“远方”位置，用远方分闸按钮 3TA 进行分闸，确认无法分闸，如图 1-24 所示；再将转换开关 QS3 切至“就地”位置，用就地分闸按钮 SB9 进行分闸，确认无法分闸，如图 1-25 所示。

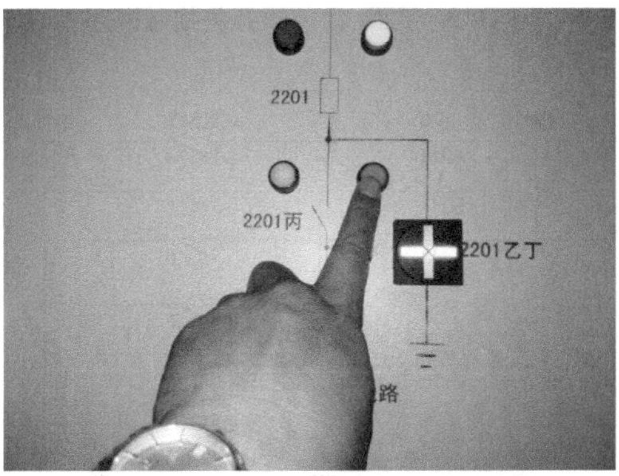

扫码观看彩图

图 1-24　2201 丙隔离开关远方分闸

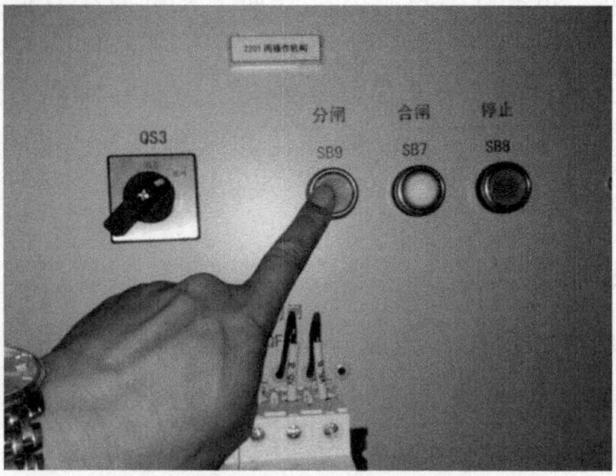

扫码观看彩图

图 1-25　2201 丙隔离开关就地分闸

二、故障分析

根据图 1-26、图 1-27 所示隔离开关操作的控制回路和动力回路原理图，分析 2201 丙隔离开关无法分闸的原因。

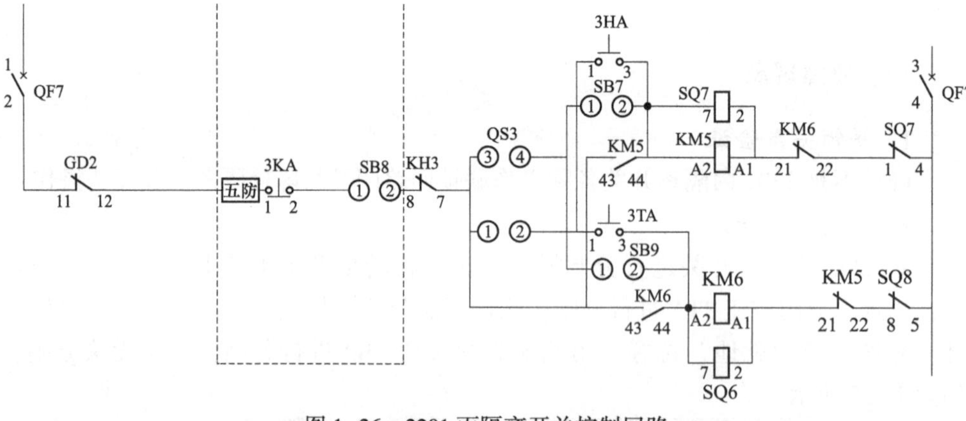

图 1-26　2201 丙隔离开关控制回路

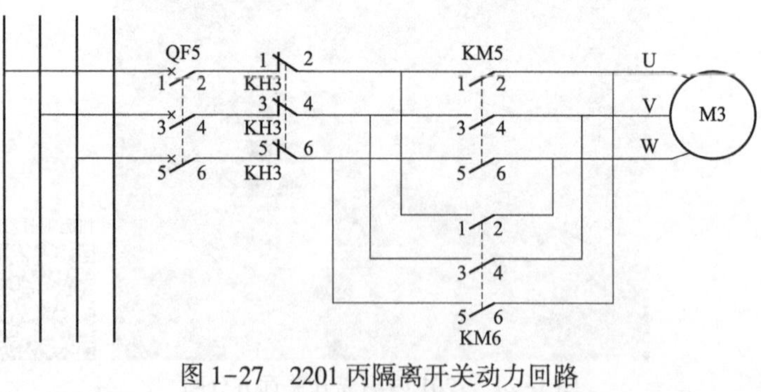

图 1-27　2201 丙隔离开关动力回路

(1) 控制回路故障：电源故障，主令开关故障，接触器故障，控制回路断线。

(2) 动力回路电源故障：电源故障，动力回路断线，电动机保护（或者热继电器）动作，分合闸电动机故障。

(3) 操动机构机械故障：隔离开关操动机构限位行程开关在合闸到位后没有接通，操动机构机械卡滞。

以上各种故障都有可能造成隔离开关无法分闸，需要在故障查找中逐步排除确定故障范围。

三、故障查找

根据上述分析，在查找故障时首先需要采用排除法确定故障范围，尽可能将查找故障的范围缩小，便于具体查找。具体做法如下：

(1) 将远方/就地转换开关 QS3 切至“远方”位置进行分闸操作，判断能否分闸；将远方/就地转换开关 QS3 切至“就地”位置进行分闸操作，判断能否分闸。如果都无法分闸，则排除远方控制主令开关（或按钮）故障，将转换开关 QS3 切至“就地”位置进一步查找。

(2) 用就地操作按钮 SB9 分闸，查看分闸接触器 KM6 是否动作。如果分闸接触器 KM6 动作，则故障在动力回路或者隔离开关的机械传动机构及电动机本身；如果分闸接触器 KM6 不动作，则确认在隔离开关的控制回路中有断线。

(3) 在确认不是动力回路或者隔离开关的机械传动机构及电动机本身故障后，可以确认故障在分闸控制回路，然后按照不停电情况下交流控制回路的查找方法进行查找：

1) 验电笔快速查找法。

a. 用验电笔检验控制回路电源是否正常。

b. 如图 1-26 所示，用验电笔分别测试按钮 SB9 两端，如果两端验电笔都不亮，说明断点在按钮和电源相线 L 端之间，即故障点可能在 SB9 的 1 点至 QF7 的 2 点之间；如果验电笔在 SB9 的 1 点亮，按下按钮再用验电笔测试 SB9 的 2 点，如果 SB9 的 2 点也亮说明按钮本身没有问题，确认断点在按钮 SB9 的 2 点和电源中性线 N 端之间，即断线点可能在图中 SB9 的 2 点至 QF7 的 4 点之间。

c. 如果断点在按钮 SB9 和电源相线 L 端之间，用验电笔由按钮向 L 端顺序逐个接点试（注意：查找断点时要把任意两个接点之间的导线视为电气元件，其两端的接点都要分别测试）。如图 1-28 所示，测试顺序为：①QS3 的 4 点；②QS3 的 3 点；③KH3 的 7 点；④KH3 的 8 点；⑤SB8 的 2 点；⑥SB8 的 1 点；⑦3KA 的 2 点；⑧3KA 的 1 点；⑨GD2 的 12 点；⑩GD2 的 11 点。验电笔测到哪个接点突然变亮，则说明断点在这个点和刚刚测试的接点之间。例如，验电笔在

QS3 的 3 点变亮，则断点在 QS3 的 3 点和 4 点之间。

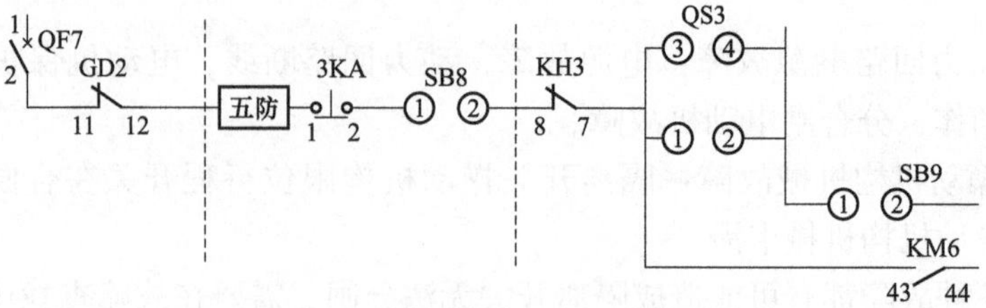

图 1-28　断点在按钮前端查找示意图

d. 如果断点在按钮 SB9 和电源中性线 N 端之间，则两人配合，一人按下按钮 SB9 并保持，另一人用验电笔由按钮 SB9 向 N 端逐个接点测试。如图 1-29 所示，测试顺序为：①KM6 的 A2 点；②KM6 的 A1 点；③KM5 的 21 点；④KM5 的 22 点；⑤SQ8 的 8 点；⑥SQ8 的 5 点；⑦QF7 的 4 点。验电笔测到哪个接点灭了，则说明断点在这个点和刚刚测试的接点之间。例如，验电笔测在 SQ8 的 8 点灭了，则断点在 KM5 的 22 点和 SQ8 的 8 点之间。

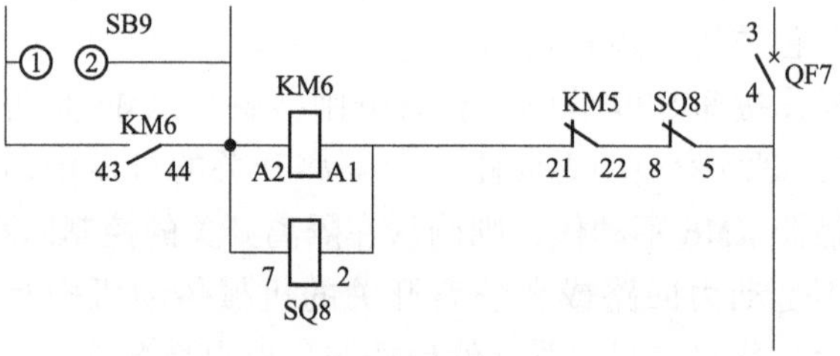

图 1-29　断点在按钮后端查找示意图

2）万用表查找断线点法。

a. 将万用表切至大于 380V 的交流电压挡，确认控制回路电源电压正常。

b. 测量分闸按钮两端 SB9 的 1 点和 2 点之间电压，如果是全电压（220V），按下按钮再测量一次，电压还是 220V，说明按钮故障；如果不是全电压（小于 220V），说明回路中还有其他断点，如图片 1-23 所示。

c. 判断为回路有断点后，再用万用表测量按钮 SB9 的 2 点和电源相线 L 端的 QF2 的 2 点之间电压，如果为全电压（220V），则回路断点在按钮 SB9 和电源相线 L 端之间；如果电压和按钮两端电压相同（小于 220V），则回路断点在按钮 SB9 的 2 点和电源中性线 N 端 QF2 的 4 点之间。

d. 如果断点在按钮 SB9 的 1 点和电源相线 QF2 的 2 点之间，将万用表的一支表笔接于按钮 SB9 的 2 点，另一支表笔从按钮向电源相线 L 端顺序逐个接点测试。如图 1-28 所示，测试顺序为：①QS3 的 4 点；②QS3 的 3 点；③KH3 的 7 点；④KH3 的 8 点；⑤SB8 的 2 点；⑥SB8 的 1 点；⑦3KA 的 2 点；⑧3KA 的 1

点；⑨GD2 的 12 点；⑩GD2 的 11 点。⑪QF7 的 3 点。万用表测到哪个点电压变成 220V，则断点在这个接点和刚刚测过的接点之间。用万用表测量查找到的断点两端，如果有一定数值的电压存在，即可确认此处为回路断线的断点。

e. 如果断点在按钮 SB9 的 2 点和电源中性线 N 端 QF2 的 4 点之间，将万用表的一支表笔接于按钮 SB9 的 1 点，另一支表笔从按钮 SB9 向电源中性线 N 顺序逐个接点测试。如图 1-29 所示，测试顺序为：①KM6 的 A2 点；②KM6 的 A1 点；③KM5 的 21 点；④KM5 的 22 点；⑤SQ8 的 8 点；⑥SB8 的 5 点；⑦QF7 的 4 点。万用表测到哪个点电压变成 220V，则断点在这个接点和刚刚测过的接点之间。用万用表测量查找到的断点两端，如果有一定数值的电压存在，即可确认此处为回路断线的断点。

3）控制回路停电查找方法。停电后的控制回路，除了电阻以外没有其他参数可以测量，所以只能使用万用表通过测量回路电阻值的方法来查找断线点。

a. 拉开 QF7，停用控制回路电源。

b. 用万用表的交流电压挡（≥380V）测量控制回路 QF7 的 2、4 点之间，确认控制回路没有电压。

c. 将万用表切至“导通”挡，检测万用表是否正常。

d. 第一步，依据图 1-26，将“远方/就地”转换开关 QS3 切至“就地”位置，用万用表测量 KM6 的 A2 点至 QF7 的 2 点之间，同时按下 SB9 按钮，如果万用表显示“导通”则断点不在此回路，如果万用表显示“不导通”则断点在此回路；第二步，用万用表测量 KM6 的 A1 至 QF2 的 4 点之间，如果万用表显示“导通”则断点不在此回路，如果万用表显示“不导通”则断点在此回路；由此即可确认断点在 KM6 的前面还是后面。

四、故障处理

查出故障点之后，可以利用连接导线将两个断点连接起来，再进行试验。

案例四　2201 北隔离开关动力回路断线无法分闸

一、故障现象

2201 北隔离开关无法分闸操作，到 2201 北隔离开关就地操作箱进行验证。

1. 联锁关系验证

首先确认不是 2201 隔离开关各种操作联锁回路闭锁使隔离开关无法操作。

2. 分闸操作验证

对 2201 隔离开关进行分闸操作验证，将转换开关 QC 切至“远方”位置，用远方分闸按钮进行分闸，确认无法分闸；再将转换开关 QC 切至“就地”位置，用就地分闸按钮进行分闸，确认无法分闸。

二、故障分析

根据隔离开关操作的控制和动力回路原理图（见图 1-2、图 1-3），分析 2201 北隔离开关无法分闸的原因：

（1）控制回路故障：电源故障，主令开关故障，接触器故障，控制回路断线。

（2）动力回路电源故障：电源故障，动力回路断线，电动机保护（或者热继电器）动作，分合闸电动机故障。

（3）操动机构机械故障：隔离开关操动机构限位行程开关在合闸到位后没有接通，操动机构机械卡滞。

以上各种故障都有可能造成隔离开关无法分闸，需要在故障查找中逐步排除确定故障范围。

三、故障查找

根据上述分析，在查找故障时首先需要采用排除法确定故障范围，尽可能将查找故障的范围缩小，便于具体查找。具体做法如下：

（1）将“远方/就地”转换开关切至“远方”位置进行分闸操作，确认无法分闸，如图 1-30 所示；将“远方/就地”转换开关切至“就地”位置进行分闸操作，确认无法分闸，如图 1-31 所示。如果都无法分闸，则排除远方控制主令开关（或按钮）故障，将转换开关切至“就地”位置进一步查找。

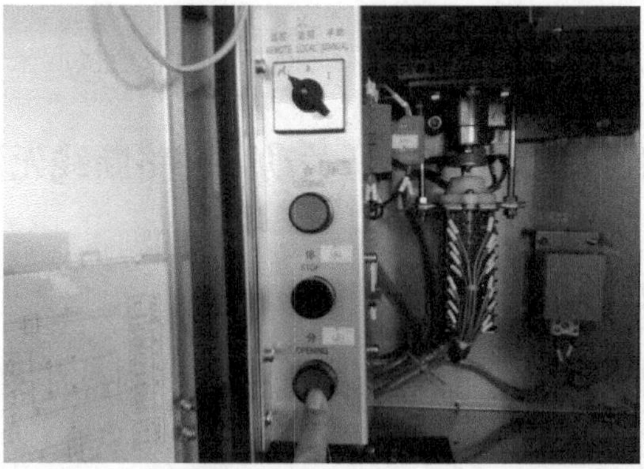

扫码观看彩图

图 1-30　远方分闸

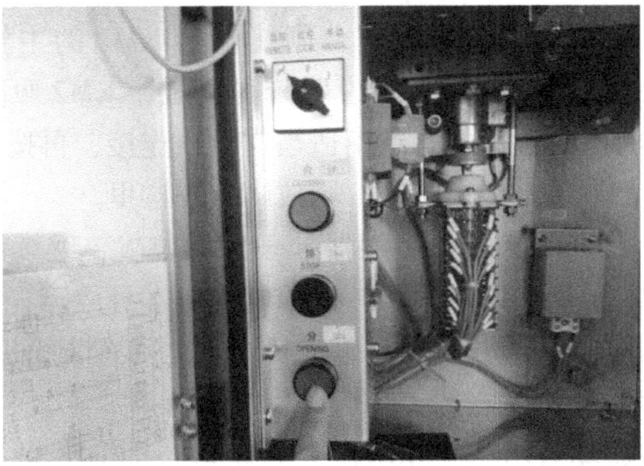

扫码观看彩图

图 1-31　就地分闸

（2）用就地操作按钮分闸，查看分闸接触器是否动作。如果分闸接触器动作，则故障在动力回路或者隔离开关的机械传动机构；如果分闸接触器不动作，则确认在隔离开关的控制回路中有断线。

（3）有条件的情况下，建议进行一次合闸试验。因为利用合闸试验可以鉴定分合闸电动机是否有故障，如果合闸接触器动作，电动机转动，可以证明电动机没有故障。

（4）因为隔离开关动力回路采用三相交流电源，确认在动力回路或者机械传动机构有故障后，在动力回路不允许停电的情况下，应按照如下方法进行查找：

1）验电笔快速查找法。

a. 用验电笔检验动力回路三相电源是否正常，即 QF1 的 2、4、6 触点是否正常，并确认验电笔正常。

b. 确认动力回路三相电源正常后，用验电笔检查分闸接触器的主触点电源侧，即 KM2 的 1、3、5 触点，如图 1-32 所示。如果缺相，则说明在 KM2 的 1、3、5 触点和 QF1 的 2、4、6 触点之间某一相有断线。

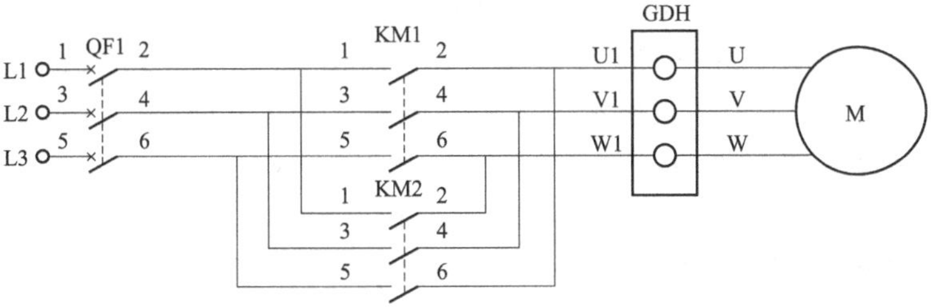

图 1-32　2201 北隔离开关动力回路图

c. 如果不缺相，需要两人配合，一人按下分闸按钮并保持分闸接触器 KM2 处于励磁位置，另一人用验电笔检查分闸接触器 KM2 的主触点电动机侧，即 KM2 的 2、4、6 触点。如果缺相，则说明分闸接触器 KM2 吸合不到位，有触点没有接通，此时应将没有接通的触点用适当的导线连接，再按下分闸按钮，看分闸电动机是否转动。如果电动机转动，则故障点在这里。

d. 如果不缺相，则保持分闸接触器处于励磁位置，继续用验电笔测电动机端盖内的三相接线端子。如果不缺相，说明电动机本身故障，如果缺相，则认定从分闸接触器 KM2 的 2、4、6 触点到电动机端子之间有断线。

2）万用表查找故障法。

a. 用万用表检验动力回路三相电源是否正常，即 QF1 的 2、4、6 触点电压是否正常，如果三相电源电压均为 380V，则证明三相电压正常。

b. 确认动力回路三相电源正常后，用万用表检测分闸接触器的主触点电源侧，即 KM2 的 1、3、5 触点电压，如图 1-32 所示。如果缺相，则说明在 KM2 的 1、3、5 触点和 QF1 的 2、4、6 触点之间某一相有断线。

c. 如果不缺相，需要两人配合，一人按下分闸按钮并保持分闸接触器 KM2 处于励磁位置，另一人用万用表检测分闸接触器 KM2 的主触点电动机侧，即 KM2 的 2、4、6 触点电压。如果缺相，则说明分闸接触器 KM2 吸合不到位，有触点没有接通，此时应将没有接通的触点用适当的导线连接，再按下分闸按钮，看分闸电动机是否转动，如果电动机转动，则故障点在这里。

d. 如果不缺相，则保持分闸接触器处于励磁位置，继续用万用表测电动机端盖内的三相接线端子电压，如果不缺相，说明电动机本身故障。如果缺相，则认定从分闸接触器 KM2 的 2、4、6 触点到电动机端子之间有断线。

3）动力回路允许停电的情况下的查找方法。

a. 拉开 QF1，停用 2201 北隔离开关动力回路电源。

b. 用万用表的交流电压挡（≥380V）测量控制回路 QF1 的 2、4、6 点之间，确认动力回路没有电压。

c. 将万用表切至“导通”挡，检测万用表是否正常。

d. 第一步，依据图 1-32，用万用表测量 KM2 的 1、3、5 触点至 QF1 的 2、4、6 触点之间，如果万用表显示“导通”则断点不在此回路，如果万用表显示“不导通”则断点在此回路；第二步，用万用表测量 KM2 的 2、4、6 触点至电动机端子之间，如果万用表显示“导通”则断点不在此回路，如果万用表显示“不导通”则断点在此回路；如此测试后，便可判断断点在 KM2 的前面还是后面；第三步，如果 KM2 的主触点前后都导通，则按下分闸按钮 SB3，用万用表测量三对主触点两端，“导通”为正常，“不导通”为断点，说明接触器触点没有正常吸合。

四、故障处理

查出故障后，根据故障情况，如果是动力回路断线，更换断线或者将断点接好。如果是接触器故障，无法立即修复时，应进行更换。

单元二　三相操作断路器二次回路故障分析与排查

【系统简介】

断路器按照操作方式可分为三相操作断路器和分相操作断路器。

三相操作断路器的三相只有一个合闸线圈和一个或两个跳闸线圈，断路器通过连杆或液体压力导管传动操作动力，将三相主触头合闸或分闸。

电力系统中发电机、变压器和电容器等设备不允许各相分别运行，所以该类设备所用断路器通常采用三相操作断路器。

三相断路器弹簧操动机构培训装置可模拟操作。合上电源开关，启动装置，打开控制软件。在就地位置操作时，可以按动合闸、分闸按钮，模拟三相断路器分、合闸操作的整个过程。在远方位置可以通过操作箱，模拟中控室对断路器的操作，转动分合闸手柄，模拟分相断路器分合闸操作。在合闸过程中，可以模拟三相断路器弹簧储能的整个过程。另外，还可以通过计算机控制软件设置断路器的故障和异常，设置完成后，在装置上进行查找和恢复。

断路器故障的原因多种多样，故障点可能在机构，也可能在断路器本身，本书只分析二次回路中涉及的故障。

在断路器控制箱内和主控室断路器测控屏上均设置有“远方/就地”转换开关，但二者有区别。断路器电气控制箱内“远方/就地”转换开关的作用是当转换开关选在“远方”位置时，将接通远方合闸（重合闸）和远方跳闸回路，断开就地合闸和分闸回路，此时可由远方（主控室监控机或监控中心）进行手动电气合闸（重合闸）和手动电气分闸；当转换开关选在“就地”位置时，将断开远方合闸（重合闸）和远方跳闸回路，接通就地合闸和跳闸回路，此时可在就地进行手动电气合闸和手动电气分闸。需要说明的是，保护跳闸回路不经过“远方/就地”转换开关控制，因此无论转换开关在任何位置，均不影响保护的跳闸。断路器测控屏上“远方/就地”转换开关当选在“就地”位置，只能用于检修人员检修断路器时就地进行操作，正常运行时，此转换开关必须放在“远方”位置，否则在远方（主控室监控机或监控中心）无法对断路器进行分合闸的操作。

断路器的控制回路图主要包括防跳回路图、远控分闸（合闸）回路图、近控分闸（合闸）回路图和储能电动机回路图等。

本单元二次回路和系统中涉及的元件符号见表 2-1。

表 2-1　　　　三相操作断路器二次回路中元件符号对照表

1	1D	端子排	仿真综控室操作箱端子排
2	4DK1/4DK2	微型直流断路器	1/2 回直流电源转换开关
3	9n	三相操作箱	仿真综控室操作箱
4	EL2/EL3	指示灯	储能位置指示/断路器照明指示
5	GP1	动合触点	压力异常告警触点信号
6	HGO	指示灯	断路器分闸位置指示
7	HJ	连接片	重合闸出口
8	HRO	指示灯	断路器合闸位置指示
9	K10	继电器	压力异常闭锁继电器
10	K12	继电器	模拟装能位置行程开关
11	KF	继电器	模拟防跳继电器
12	KK	转换开关	仿真综控室分合闸控制
13	KM	交流接触器	储能电机电源控制
14	LD1	连接片	防跳回路投入、退出控制
15	M1	电动机	储能电动机
16	PC1	计数器	断路器合闸次数计数
17	QF	辅助触点	仿真断路器位置辅助触点
18	RH1/RH3	加热器	断路器弹簧储能机构驱潮
19	SBT3	转换开关	自动储能投入/退出控制
20	SC2	行程开关	断路器柜门行程开关，该处未仿真，没有对应硬件
21	SK1	转换开关	远方就地切换
22	SMO	转换开关	分合闸控制
23	WFSO	五防锁	仿真五防电子编码锁，该处用导线短路导通实现
24	TJ	连接片	保护跳闸出口
25	X2/X3	端子排	仿真断路器/机构箱端子排
26	YC1	继电器	模拟合闸线圈
27	YT1/YT2	继电器	模拟分闸线圈 1/2
28	ZK	转换开关	仿真综控室远方就地切换

案例一　三相操作断路器合闸回路故障

一、故障现象

系统中三相断路器，如果转换开关切至“远方”位置时，断路器远方的分合闸操作良好，当转换开关切至“就地”位置时，无法进行就地合闸操作。故障现象如图 2–1 所示。

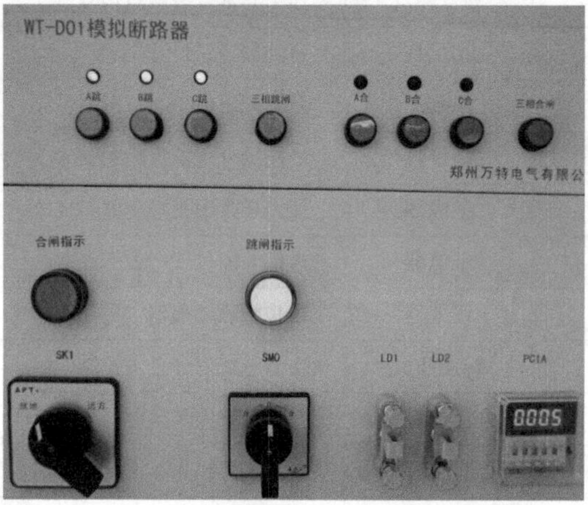

扫码观看彩图

图 2–1　三相操作断路器合闸回路故障

二、故障分析

三相断路器就地合闸故障可能的原因如下：

（1）合闸电源消失，如合闸熔断器、控制熔断器熔断或接触不良。

（2）就地控制箱内合闸电源小开关未合上。

（3）断路器合闸闭锁动作，信号未复归。

（4）断路器操作控制箱内“远方/就地”选择开关在“远方”位置。

（5）控制回路断线。

（6）合闸线圈及合闸回路继电器烧坏。

（7）操作继电器故障。

（8）转换开关失灵。

（9）转换开关触点接触不良。

（10）断路器辅助触点接触不良。

（11）操动机构故障。

（12）直流电压过低。

（13）直流接触器触点接触不良。

以上各种故障都有可能造成断路器无法就地合闸，需要在故障查找中逐步排除确定故障范围。

三、故障查找

根据上述分析，在查找故障时首先需要采用排除法确定故障范围，尽可能地将查找故障的范围缩小，便于具体查找。具体做法如下：

（1）将“远方/就地”转换开关切至“远方”位置进行远方合闸操作，装置正确动作，可以进行分合闸操作；将远方/就地转换开关切至“就地”位置进行合闸操作，确认无法合闸，将转换开关切至“就地”位置进一步查找。

（2）当“远方/就地”转换开关切至“就地”位置时，断路器分合闸控制回路中 SK1 的 3−4、7−8 触点接通。三相操作断路器合闸回路电路图如图 2−2 所示。

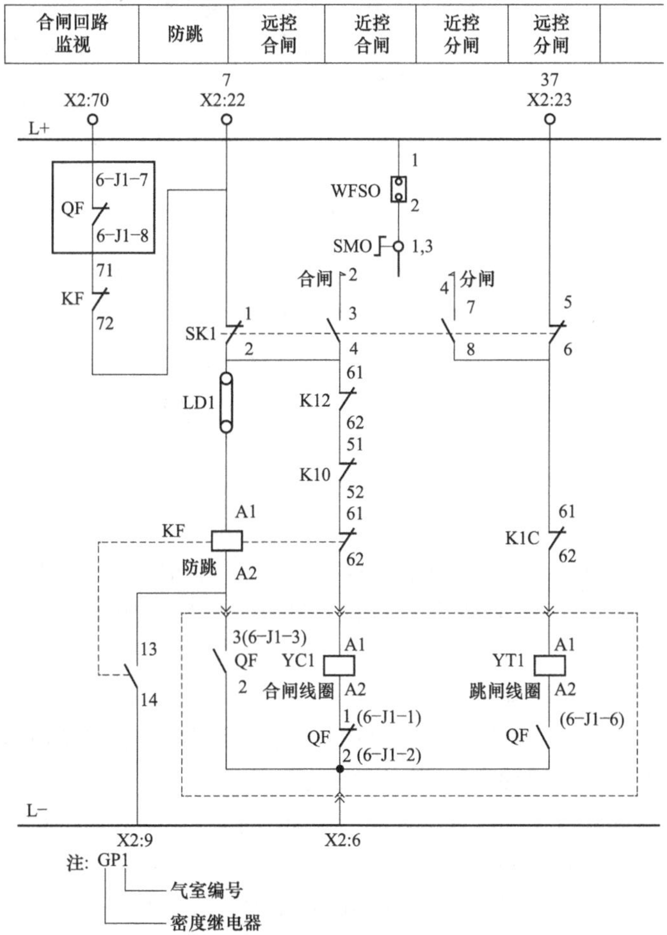

图 2−2　三相操作断路器合闸回路电路图

（3）打开屏上的 LD1 连接片，即退出断路器的防跳回路，重新试验一下就地分闸操作，现象不变，说明故障在断路器就地合闸回路。

（4）确认故障在断路器近控合闸回路后，因为断路器控制回路采用直流电源，电压挡位选在直流 1000V 挡。万用表外观如图 2-3 所示。

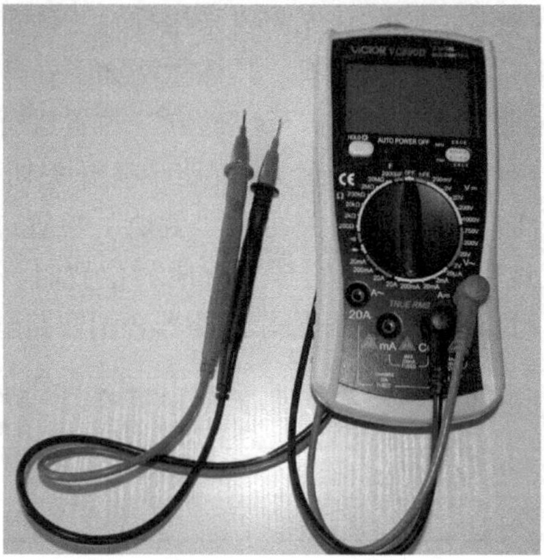

扫码观看彩图

图 2-3　万用表外观

（5）故障查找时，需要两人配合，一人操作分合闸按钮，进行合闸操作，另一人用万用表红黑表笔测故障所在线路的电压。

（6）红表笔接触电压的正极，黑表笔沿着线路正极逐点逐元件进行测量。万用表黑表笔依次测量触点为：SK1-3、SK1-4、SMO-1、K12-61、K12-62、K10-51、K10-52、KF-61、KF-62、YC1-A1、YC1-A2、QF-1、QF-2、X2：6。如果万用表的读数为零，说明故障点在后部；如果在测某一触点时，电压刚好为 220V，说明故障点在上一查找区域或上一个元件。

（7）控制回路停电查找的方法。停电后的控制回路，除了电阻以外没有其他参数可以测量，所以只能使用万用表通过测量回路电阻值的方法来查找断线点。具体步骤如下：

1）停用控制回路电源。

2）用万用表的交流电压挡（≥380V）测量控制回路，确认没有电压。

3）将万用表切至“导通”挡，检测是否正常。

4）具体查找方法是，用万用表的“导通”挡，在判断后的故障回路中逐个元件（回路中能够测量到的各相邻触点间都看作是元件）测量，不能“导通”的视为断点。除按钮和转换开关外，其他断点即为故障断点。

四、故障处理

根据故障现象，查出故障后，可以判断出故障原因是：三相就地合闸控制回路断线。

处理的方法：使用短路线短接故障点即可排除故障。

案例二　三相操作断路器分闸回路故障

一、故障现象

将三相操作断路器“远方/就地”转换开关切至“远方”位置，进行远方分闸操作，装置无法正确动作；将远方/就地转换开关切至“就地”位置进行分闸操作，也无法进行分闸操作，即三相断路器的就地和远方的分闸操作均失灵。三相操作断路器分闸回路故障现象如图 2-4 所示。

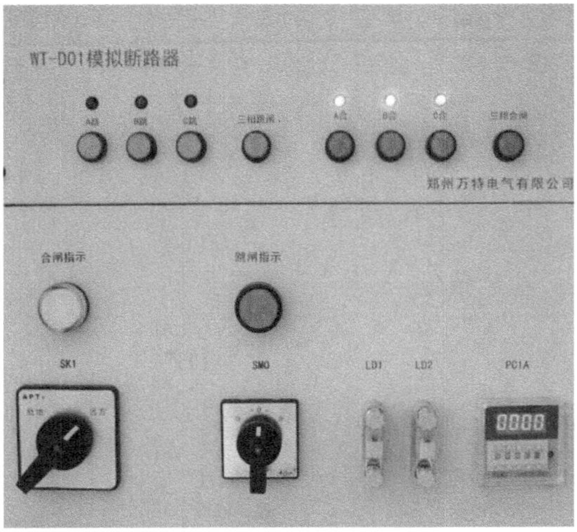

扫码观看彩图

图 2-4　三相操作断路器分闸回路故障现象

二、故障分析

三相断路器无法分闸的原因大致如下：

（1）操动机构的机械有故障，如跳闸铁芯卡涩等。

（2）继电保护故障，如保护回路继电器烧坏、断线、接触不良等。

（3）电气控制回路故障，如跳闸线圈烧坏、跳闸回路有断线、熔断器熔断等。

以上各种故障都有可能造成断路器无法分闸，需要在故障查找中逐步排除确定故障范围。

三、故障查找

根据上述分析，在查找故障时首先需要采用排除法确定故障范围，尽可能将查找故障的范围缩小，便于具体查找。三相操作断路器分闸回路电路图如图 2-5 所示。

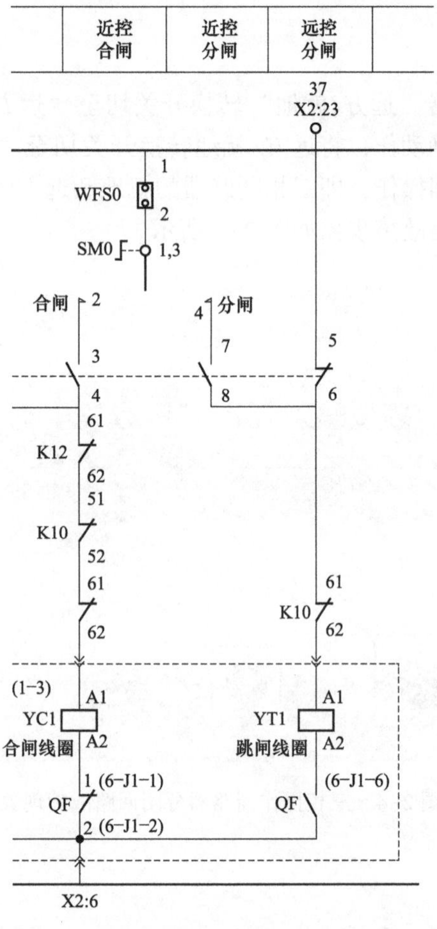

图 2-5　三相操作断路器分闸回路电路图

（1）首先查看一下断路器是否出现压力异常。如果是断路器压力异常，其密度继电器 GP1 闭合，使继电器 K10 励磁，其动断触点打开，会造成断路器无法分闸。如果断路器压力正常，继续查看回路上的其他元件。

（2）回路中多点故障的概率较小，一点故障的情况较多。

（3）由于断路器远方和就地都无法分闸，所以故障点应该出现在远方和就地的公共回路，而不是分支回路。

（4）因为断路器控制回路采用直流电源，电压为±220V，应使用万用表进行查找。使用万用表的直流电压挡，挡位选在直流 1000V 挡。

（5）将万用表红表笔接通断路器分合闸控制回路中 SK1 的 6 或 8 触点，黑表笔接通压力继电器动断触点 61，即 K10-61，如果万用表的读数为零，说明故障不在此范围。沿着线路，由正极开始，逐级向下，逐个元件测试，依次测试元件为 K10-62、YT1-A1、YT1-A2、QF 动合触点、X2：6，直到读数为 220V，故障点就在上一个查找区域或上一个元件。

（6）控制回路停电查找的方法。停电后的控制回路，除了电阻以外没有其他参数可以测量，所以只能使用万用表通过测量回路电阻值的方法来查找断线点。具体步骤如下：

1）停用控制回路电源。

2）用万用表的交流电压挡（≥380V）测量控制回路，确认没有电压。

3）将万用表切至“导通”挡，检测万用表是否正常。

4）具体查找方法是，用万用表的“导通”挡，在判断后的故障回路中逐个元件（回路中能够测量到的各相邻触点间都看作是元件）测量，不能“导通”的视为断点。除按钮和转换开关外，其他断点即为故障断点。

四、故障处理

根据故障现象，查出故障后，可以判断出故障原因是：三相就地分闸控制回路断线。

处理的方法：使用短路线短接故障点即可排除故障。

案例三　三相操作断路器储能电动机回路故障

一、故障现象

三相断路器就地和远方的分闸失灵；断路器储能电动机指示灯熄灭。故障现象如图 2-6 所示。

二、故障分析

三相断路器储能电动机回路故障使得断路器无法分闸的原因大致如下：

（1）电动机电源故障。

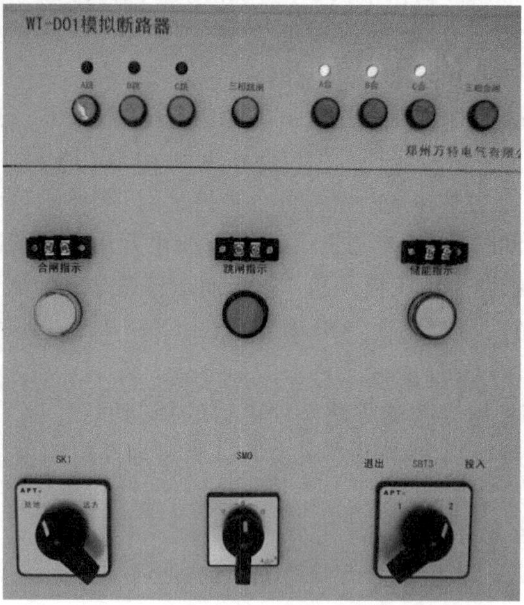

扫码观看彩图

图 2-6　三相操作断路器储能电动机回路故障现象图

（2）直流接触器触点闭合且触点接触不良。

（3）电动机内部断线或短路。

（4）储能电动机回路接线松动或断线。

在实际的工作中，由于电动机保护回路较为完善，故电动机出现故障的情况较少。对于入网且运行中的断路器，储能电动机不启动主要的原因是直流接触器触点不闭合或提前返回。但本案例需逐个排除故障，以确定故障范围。

三、故障查找

（1）如图 2-7 所示，系统中三相断路器的储能电动机电源为交流电源 220V，首先查看一下断路器电动机储能回路的电源是否正常。使用万用表的交流电压挡，挡位选在交流 750V。如果电源正常，继续查看回路上的其他元件。

（2）如果储能回路正常，则中间继电器 KM 励磁，检查其动合触点 1-2、3-4、5-6 是否处于闭合状态。

（3）由正极开始，逐级向下，逐个元件测试，因为电动机储能回路是交流回路，交流回路断点有分压的作用，所以如果测出的电压小于 220V，说明故障点在回路的下部分，所检测部分回路完好。直到读数为 220V，则可判断故障点就在上一个查找区域或上一个元件。

（4）控制回路停电查找的方法。停电后的控制回路，除了电阻以外没有其

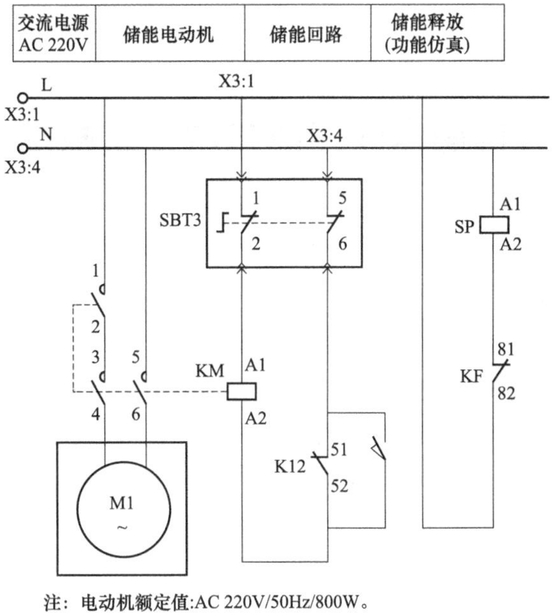

图 2-7　三相操作断路器储能电动机回路图

他参数可以测量，所以只能使用万用表通过测量回路电阻值的方法来查找断线点。具体步骤如下：

1）停用控制回路电源。

2）用万用表的交流电压挡（≥380V）测量控制回路，确认没有电压。

3）将万用表切至“导通”挡，检测万用表是否正常。

4）具体查找方法是，用万用表的“导通”挡，在判断后的故障回路中逐个元件（回路中能够测量到的各相邻触点间都看作是元件）测量，不能“导通”的视为断点。除按钮和转换开关外，其他断点即为故障断点。

四、故障处理

根据故障现象，查出故障后，可以判断出故障原因为：储能电动机电源回路断线。

处理的方法：使用短路线短接故障点即可排除故障。

单元三　分相操作断路器二次回路故障分析与排查

【系统简介】

在高压输电线路中主要故障多为单相接地故障。为了提高电力系统的供电可靠性，单相接地故障时，两个非故障相正常运行，可以大大提高系统的供电可靠性。而且高压输电设备价格较高，应尽可能地少做分断，以减少对设备的冲击，加大对设备的保护。

分相操作断路器的各相主触头分别由各自的跳合闸线圈控制，可分别进行分闸和合闸操作。

分相操作断路器一般用于220kV及以上系统。故障时，220kV断路器其中一相跳闸，其余两相不动，之后自动重合闸装置动作，使故障相重合，若重合于永久性故障，则跳开三相断路器，不再重合。

分相断路器液压操动机构培训装置可模拟操作。合上电源开关，启动装置，打开控制软件。在就地位置操作时，可以按动合闸、分闸按钮，模拟分相断路器分合闸操作的整个过程。在远方位置可以通过操作箱，模拟中控室对断路器的操作，转动分合闸手柄，模拟分相断路器分合闸操作。在合闸过程中，可以模拟分相断路器液压储能的整个过程。另外，还可以通过计算机控制软件设置断路器的故障和异常，设置完成后，在装置上进行查找和恢复。

断路器的控制回路图主要包括近控分闸（合闸）回路图、A（B和C）相合（分）闸监视回路图、A（B和C）相合（分）闸远控回路图、储能电动机回路图等。

本单元二次回路和系统涉及的元件符号见表3-1。

表3-1　　分相操作断路器二次回路中元件符号对照表

1	F6	小型断路器	驱潮加热电源
2	ZK/KK	万转开关	就地/远方转换
3	LD1/LD2	连接片	主（副）分非全相连接片
4	PC1A（PC1B/PC1C）	计数器	A（B/C）相合闸计数器

续表

5	K1/K2	继电器	合（分）闸继电器
6	KFA（KFB/KFC）	继电器	A（B/C）相防跳继电器
7	YC1A（YC1B/YC1C）	继电器	A（B/C）相合闸线圈
8	YT1A（YT1B/YT1C）	继电器	A（B/C）相主分闸线圈
9	YT2A（YT2B/YT2C）	继电器	A（B/C）相副分闸线圈
10	K3/K4	继电器	主（副）分非全相继电器
11	K5	继电器	合闸低油压闭锁继电器
12	K6/K8	继电器	低气压闭锁继电器
13	K7/K9	继电器	主（副）分闸低油压闭锁继电器
14	KZ1	继电器	油泵打压超时继电器
15	KZ2	继电器	断路器储能电动机动作继电器
16	KZ3	继电器	SF_6 低气压报警继电器
17	KZ4	继电器	其他气室低气压报警继电器
18	KT1（KT2）	时间继电器	WTMF 时间继电器
19	F1	小型断路器	断路器电机电源
20	KMA（KMB/KMC）	接触器	A（B/C）相电动机控制接触器
21	KTA（KTB/KTC）	时间继电器	A（B/C）相电动机启停转换开关
22	MA（MB/MC）	电动机	A（B/C）相电动机

案例一　分相操作断路器合闸回路故障

一、故障现象

将“远方/就地”转换开关切至“远方”位置进行远方操作，分相操作断路器的远方分合闸操作良好；将“远方/就地”转换开关切至“就地”位置进行操作，无法就地合闸操作。故障现象如图 3-1 所示。

二、故障分析

分相操作断路器就地合闸故障可能的原因如下：

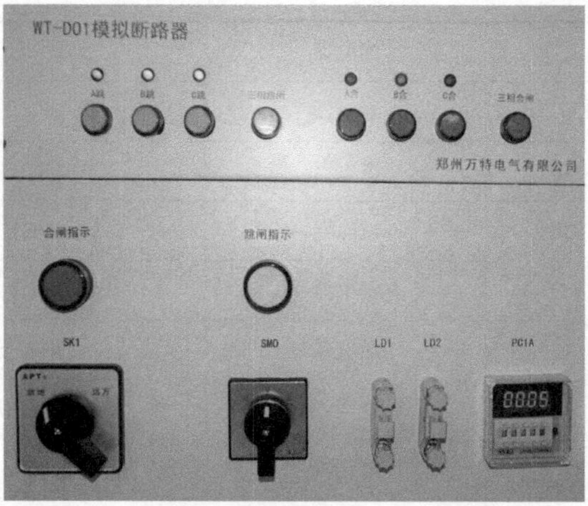

扫码观看彩图

图 3-1　分相操作断路器就地合闸故障现象图

（1）合闸电源消失，如合闸熔断器、控制熔断器熔断或接触不良。

（2）就地控制箱内合闸电源小开关未合上。

（3）断路器合闸闭锁动作，信号未复归。

（4）断路器操作控制箱内“远方/就地”选择开关在远方位置。

（5）控制回路断线。

（6）合闸线圈及合闸回路继电器烧坏。

（7）操作继电器故障。

（8）转换开关失灵。

（9）转换开关触点接触不良。

（10）断路器辅助触点接触不良。

（11）操动机构故障。

（12）直流电压过低。

（13）直流接触器触点接触不良。

以上各种故障都有可能造成断路器无法就地合闸，需要在故障查找中逐步排除确定故障范围。

三、故障查找

根据上述分析，在查找故障时首先需要采用排除法确定故障范围，尽可能将查找故障的范围缩小，便于具体查找。具体做法如下：

（1）将“远方/就地”转换开关切至“远方”位置进行远方合闸操作，装置正确动作，可以进行分合闸操作；将“远方/就地”转换开关切至“就地”位置进行合闸操作，确认无法合闸，将转换开关切至“就地”位置进一步查找。

（2）确认故障在断路器近控合闸回路后，因为断路器控制回路采用直流，电压挡位选在直流 1000V 挡。

（3）故障查找时，需要两人配合，一人操作分合闸按钮，进行合闸操作，另一人用万用表红黑表笔测分相断路器就地合闸回路的电压。红表笔接触电压的正极，黑表笔沿着线路正极逐点逐元件进行测量。

（4）分相操作断路器就地合闸回路电路图如图 3-2 所示。使用万用表黑表笔依次测量触点为：SK1-3、SK1-4、SMO-1、SMO-2、K1-A1、K1-A2，最后测负极 102。如果万用表的读数为零，说明故障点在后部；如果在测某一触点时，电压刚好为 220V，说明故障点就在上一个查找区域或上一个元件。

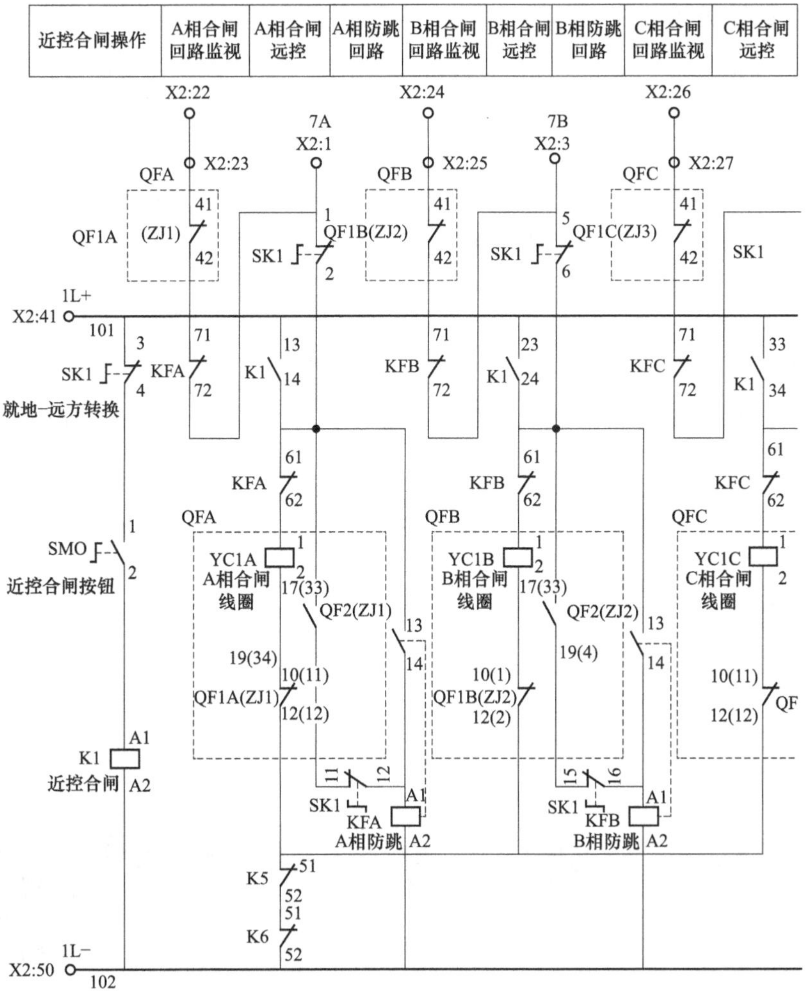

图 3-2　分相操作断路器就地合闸回路电路图

(5) 控制回路停电查找的方法。停电后的控制回路，除了电阻以外没有其他参数可以测量，所以只能使用万用表通过测量回路电阻值的方法来查找断点。具体步骤如下：

1) 停用控制回路电源。

2) 用万用表的交流电压挡（≥380V）测量控制回路，确认没有电压。

3) 将万用表切至“导通”挡，检测万用表是否正常。

4) 具体查找方法是，用万用表的“导通”挡，在判断后的故障回路中逐个元件（回路中能够测量到的各相邻触点间都看作是元件）测量，不能“导通”的视为断点。除按钮和转换开关外，其他断点即为故障断点。

四、故障处理

根据故障现象，查出故障后，可以判断出故障原因是：分相就地合闸控制回路断线。

处理的方法：使用短路线短接故障点即可排除故障。

案例二　分相操作断路器就地控制分闸回路故障

一、故障现象

分相操作断路器可以进行远方的分合闸，但就地分闸失灵，故障现象如图 3-3 所示。

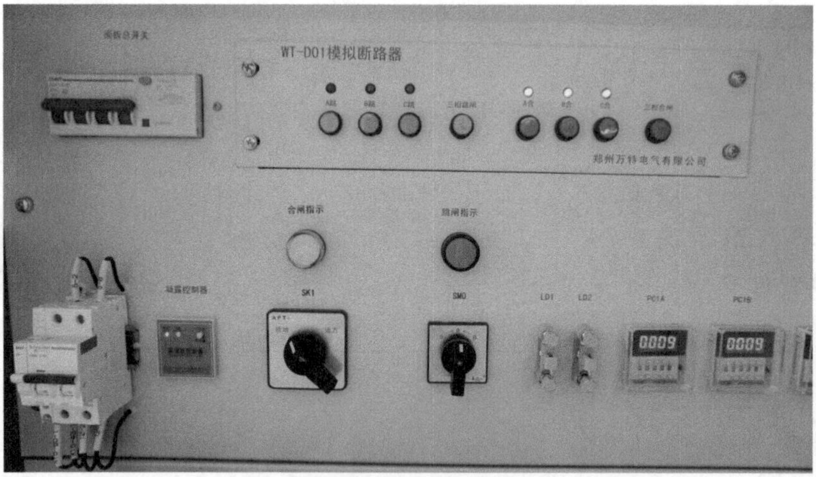

扫码观看彩图

图 3-3　分相操作断路器就地分闸回路故障现象图

二、故障分析

分相操作断路器就地分闸故障可能的原因如下：

(1) 分闸电源消失，如分闸熔断器、控制熔断器熔断或接触不良。

(2) 就地控制箱内合闸电源小开关未合上。

(3) 断路器分闸闭锁动作，信号未复归。

(4) 断路器操作控制箱内“远方/就地”选择开关在远方位置。

(5) 控制回路断线。

(6) 合闸线圈及分闸回路继电器烧坏。

(7) 操作继电器故障。

(8) 转换开关失灵。

(9) 转换开关触点接触不良。

(10) 断路器辅助触点接触不良。

(11) 操动机构故障。

(12) 直流电压过低。

(13) 直流接触器触点接触不良。

以上各种故障都有可能造成断路器无法就地分闸，需要在故障查找中逐步排除确定故障范围。

三、故障查找

根据上述分析，在查找故障时首先需要采用排除法确定故障范围，尽可能将查找故障的范围缩小，便于具体查找。具体做法如下：

(1) 将“远方/就地”转换开关切至“远方”位置进行远方合闸操作，装置正确动作，可以进行分合闸操作；将“远方/就地”转换开关切至“就地”位置进行合闸操作，确认无法合闸，将转换开关切至“就地”位置进一步查找。

(2) 确认在断路器近控合闸回路后，因为断路器控制回路采用直流，电压挡位选在直流 1000V 挡。

(3) 故障查找时，需要两人配合，一人操作分合闸按钮，进行合闸操作，另一人用万用表红黑表笔测分相断路器就地合闸回路的电压。红表笔接触电压的正极，黑表笔沿着线路正极逐点逐元件进行测量。

(4) 如图 3-4 所示，万用表黑表笔依次测量触点为：SK1-7、SK1-8、SMO-3、SMO-4、K2-A1、K2-A2，最后测负极 102。如果万用表的读数为零，说明故障点在后部；如果在测某一触点时，电压刚好为 220V，说明故障就在这个元件的上一段。

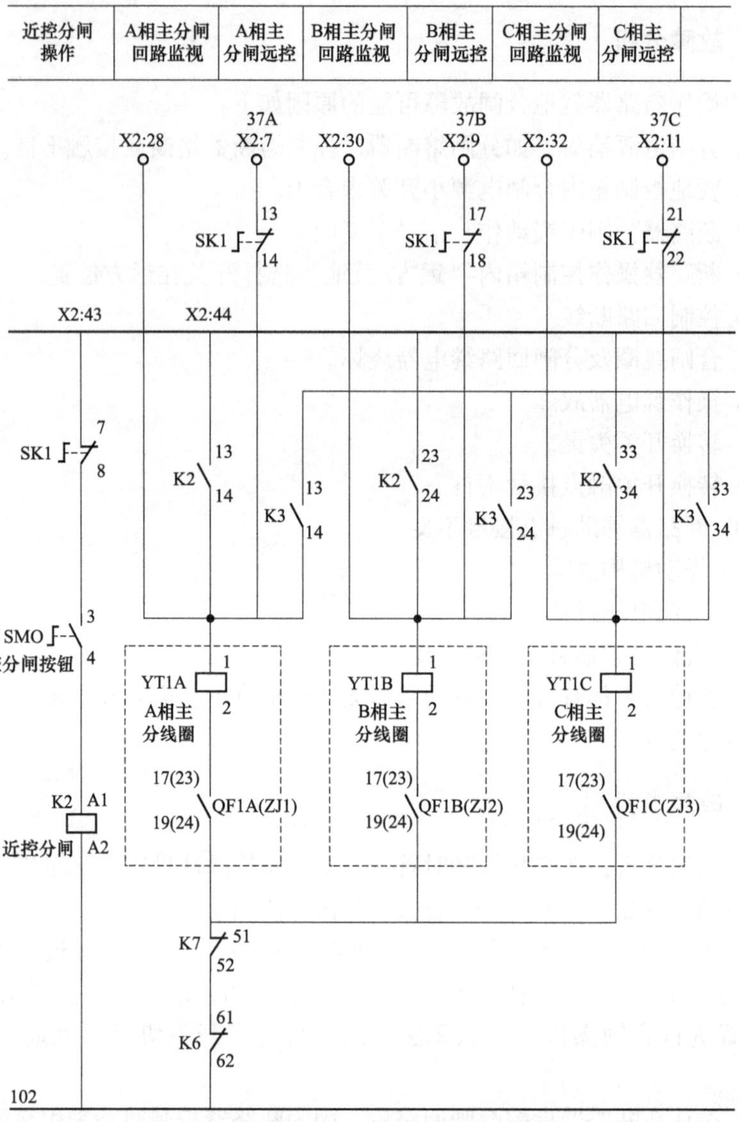

图 3-4　分相操作断路器就地分闸回路图

（5）控制回路停电查找的方法。停电后的控制回路，除了电阻以外没有其他参数可以测量，所以只能使用万用表通过测量回路电阻值的方法来查找断线点。具体步骤如下：

1）停用控制回路电源。

2）用万用表的交流电压挡（≥380V）测量控制回路，确认没有电压。

3）将万用表切至“导通”挡，检测万用表是否正常。

4）具体查找方法是，用万用表的“导通”挡，在判断后的故障回路中逐个元件（回路中能够测量到的各相邻触点间都看作是元件）测量，不能“导通”的视为断点。除按钮和转换开关外，其他断点即为故障断点。

四、故障处理

根据故障现象，查出故障后，可以判断出故障原因是：分相就地分闸控制回路断线。

处理的方法：使用短路线短接故障点即可排除故障。

案例三　分相操作断路器远方控制分闸回路故障

一、故障现象

分相操作断路器远方三相远控、近控分闸操作失灵，故障现象如图 3-5 和图 3-6 所示。

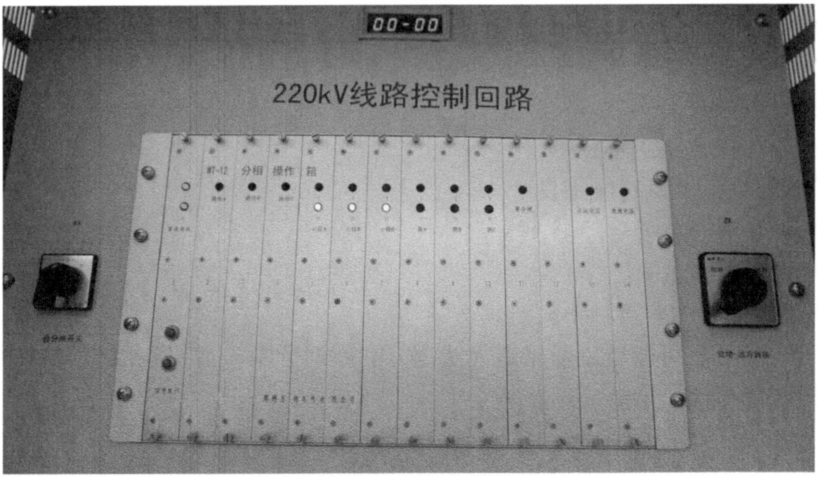

扫码观看彩图

图 3-5　分相操作断路器远方控制分闸测控柜

二、故障分析

分相操作断路器远方分闸故障可能的原因如下：

（1）分闸电源消失，如分闸熔断器、控制熔断器熔断或接触不良。

（2）就地控制箱内分闸电源小开关未合上。

（3）断路器合闸闭锁动作，信号未复归。

（4）断路器操作控制箱内“远方/就地”选择开关在就地位置。

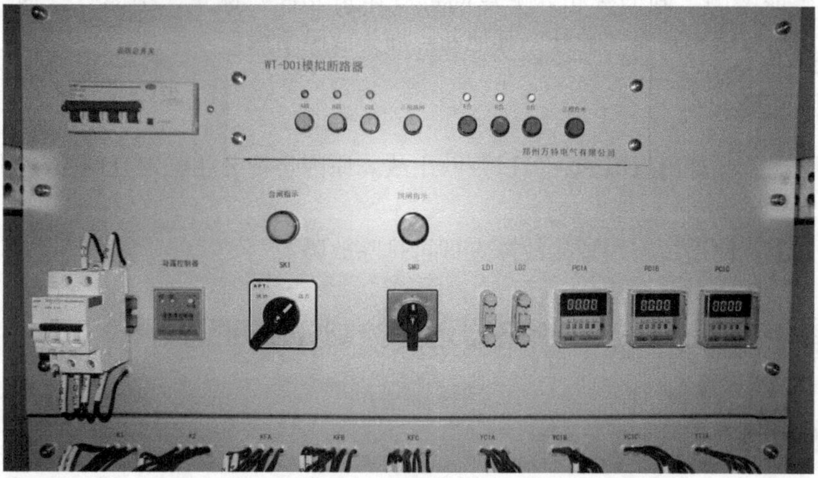

扫码观看彩图

图 3-6　分相操作断路器远方控制分闸就地柜

（5）控制回路断线。

（6）分闸线圈及分闸回路继电器烧坏。

（7）操作继电器故障。

（8）转换开关失灵。

（9）转换开关触点接触不良。

（10）断路器辅助触点接触不良。

（11）操动机构故障。

（12）直流电压过低。

（13）直流接触器触点接触不良。

以上各种故障都有可能造成断路器无法远方和就地分闸，需要在故障查找中逐步排除确定故障范围。

三、故障查找

根据上述分析，在查找故障时首先需要采用排除法确定故障范围，尽可能地将查找故障的范围缩小，便于具体查找。具体做法如下：

（1）分相操作断路器三相合闸指示灯亮，将“远方/就地”转换开关切至“远方”位置，进行远方分合闸操作，装置操作失灵，说明故障点在三相的公共分闸回路，不在各相的回路中。

（2）确认在断路器远控分闸回路后，因为断路器控制回路采用直流回路，电压挡位选在直流 1000V 挡。

（3）故障查找时，需要两人配合，使用万用表红黑表笔测分相断路器分闸回路的电压。红表笔接触电压的正极，黑表笔沿着线路正极逐点逐元件进

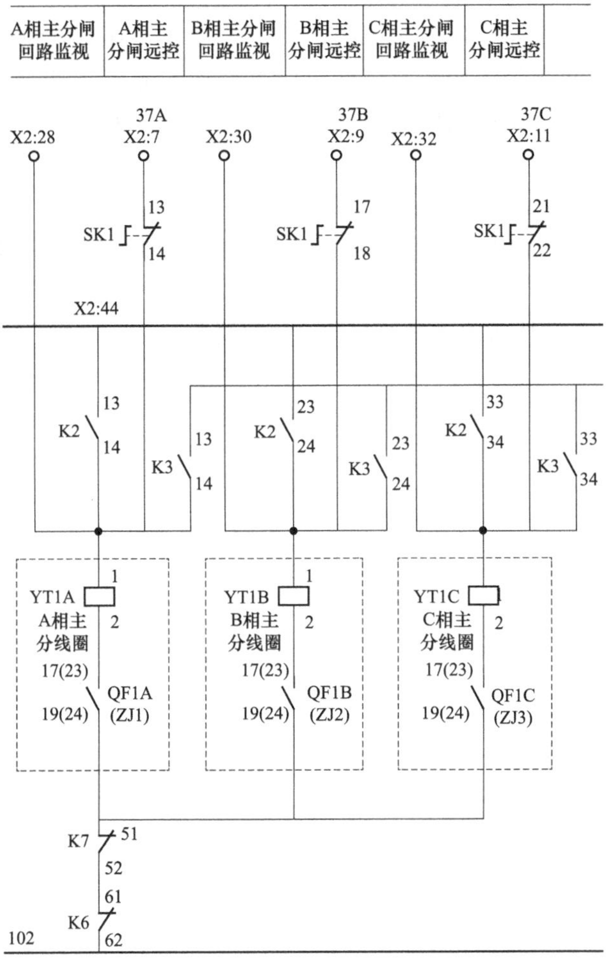

图 3-7　分相操作断路器远方控制分闸回路图

行测量。

（4）如图 3-7 所示，万用表黑表笔依次测量触点为：YT1A-2、K7-51、K7-52、K6-61、K6-62，最后测负极 102 或 X2：50。如果万用表的读数为零，说明故障点在后部；如果在测某一触点时，电压刚好为 220V，说明故障就在这个元件的上一段。

（5）控制回路停电查找的方法。停电后的控制回路，除了电阻以外没有其他参数可以测量，所以只能使用万用表通过测量回路电阻值的方法来查找断线点。具体步骤如下：

1）停用控制回路电源。

2）用万用表的交流电压挡（≥380V）测量控制回路，确认没有电压。

3) 将万用表切至“导通”挡，检测万用表是否正常。

4) 具体查找方法是，用万用表的“导通”挡，在判断后的故障回路中逐个元件（回路中能够测量到的各相邻触点间都看作是元件）测量，不能“导通”的视为断点。除按钮和转换开关外，其他断点即为故障断点。

四、故障处理

根据故障现象，查出故障后，可以判断出故障原因是：三相分闸控制回路断线。

处理的方法：使用短路线短接故障点即可排除。

单元四　变压器冷却系统二次回路故障分析与排查

【系统简介】

本单元以变压器强迫油循环风冷冷却方式为例，主要介绍风冷却器的控制回路中可能出现的各种典型故障，并对这些故障进行判断、分析、查找和处理。

一、变压器冷却器控制回路培训装置

变电站二次回路故障排查模拟培训装置采用标准 GGD 柜体。变压器冷却器控制回路将主控室主变冷却回路的监视设备与主变冷却器控制箱中的设备集中布置在模拟装置中。学员可通过故障现象，结合控制回路图纸，分析、判断，并在模拟装置上查找和排除故障。

变压器强油风冷冷却器控制回路模拟柜由冷却器控制回路转换开关、运行状态指示灯、主变端子箱内设备、温度指示器、凝露控制器、语音计时器、电源备自投、装置照明、冷却风机及其电源控制器、交流接触器、热过载保护、中间继电器、时间继电器、模拟潜油泵及油泵电动机、电动机电源、故障模拟器、通信控制器等组成。变压器冷却回路培训装置如图 4-1 和图 4-2 所示。

二、变压器强油风冷冷却器的二次回路

1. 冷却器的电源回路

冷却器的电源回路如图 4-3 所示。图中，各元件名称及用途如下：

QF1、QF2：冷却器控制回路电源总开关。

1ZJ、2ZJ：低电压继电器。1ZJ 用于监视第一组 AC380V 电源，当电源消失或电压下降，lZJ 动作，发出告警信号；2ZJ 监视第二组 AC380V 电源。

1JC、2JC：冷却器电源回路交流接触器。1JC 线圈带电时，其三对主触点闭合，冷却器由第一组 AC380V 电源供电；2JC 线圈带电时，其三对主触点闭合，冷却器由第二组 AC380V 电源供电。

SA1：自动投入电源转换开关。SA1 切到“I 常用 ”位置时，第一组 AC380V 电源作为工作电源，第二组 AC380V 电源作为备用电源；SA1 切到“Ⅱ常用”位置时，第二组 AC380V 电源作为工作电源，第一组 AC380V 电源作为备

用电源。

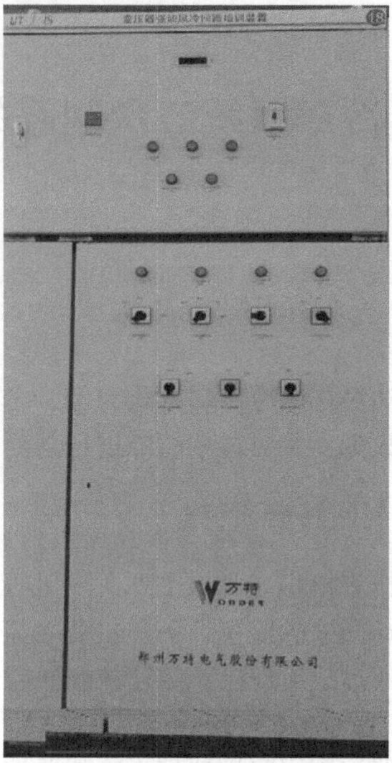

扫码观看彩图

图 4-1　变压器冷却回路培训装置面板

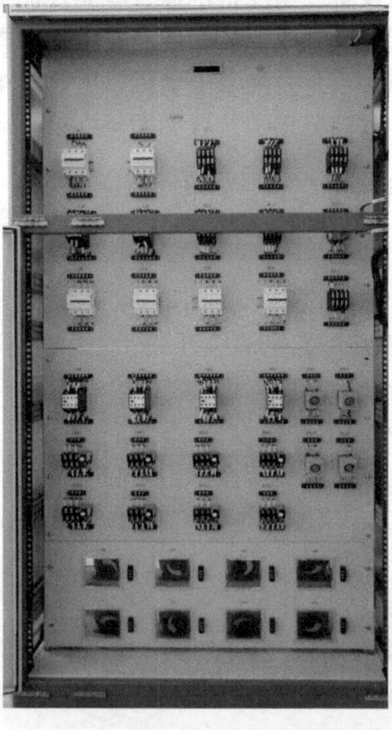

扫码观看彩图

图 4-2　变压器冷却回路培训装置柜内布置图

5XD：电源故障信号灯。

FU1～FU6：熔断器。防止所在电压回路发生短路故障。

冷却器由 AC380V 三相交流电源供电。为了确保冷却器连续不间断的运行，一般采用两组独立的交流电源供电，即第一组 AC380V 电源和第二组 AC380V 电源。正常运行时，一组作为工作电源，另一组作为备用电源，两组电源不能同时供电。当工作电源消失或电压降低时，工作电源自动退出运行后，备用电源才能自动投入。

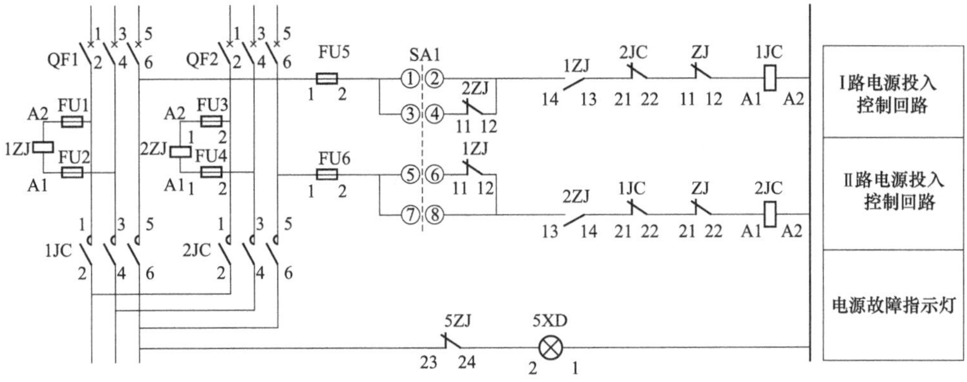

图 4-3　冷却器的电源回路

2. 冷却器的动力和控制回路

冷却器的动力和控制回路如图 4-4 所示。图中，各元件名称及用途如下：

1ZK～4ZK：第一组至第四组冷却器主电路电源断路器。当冷却器电源回路发生短路时，断路器自动跳闸，使发生短路的一组冷却器断电并停止运行。

1BRJ～4BRJ：第一组至第四组冷却器的潜油泵热保护继电器。当潜油泵过载、断相时，热继电器动作，使油泵停止运行。

1FRJ～4FRJ：第一组至第四组冷却器的风扇电动机热保护继电器。当风扇电动机过载、断相时，热继电器动作，使风扇电动机停止运行。

1BD～4BD：第一组至第四组冷却器的潜油泵。

1FD～4FD：第一组至第四组冷却器的风扇电动机。

1KK～4KK：第一组至第四组冷却器运行状态转换开关。冷却器的四种状态分别是工作、辅助、备用和停止。

lBC～4BC：第一组至第四组冷却器回路交流接触器。

1HXD～4HXD：第一组至第四组冷却器工作指示灯。

3ZJ：辅助冷却器投入控制继电器。

4ZJ：备用冷却器投入控制继电器。

1SJ～3SJ：时间继电器。

KZ1、KZ2：变压器温度继电器。当主变压器油箱内上层油温达到 55℃时，

KZ1 动作；当主变压器油箱内上层油温达到 75℃时，KZ2 动作。

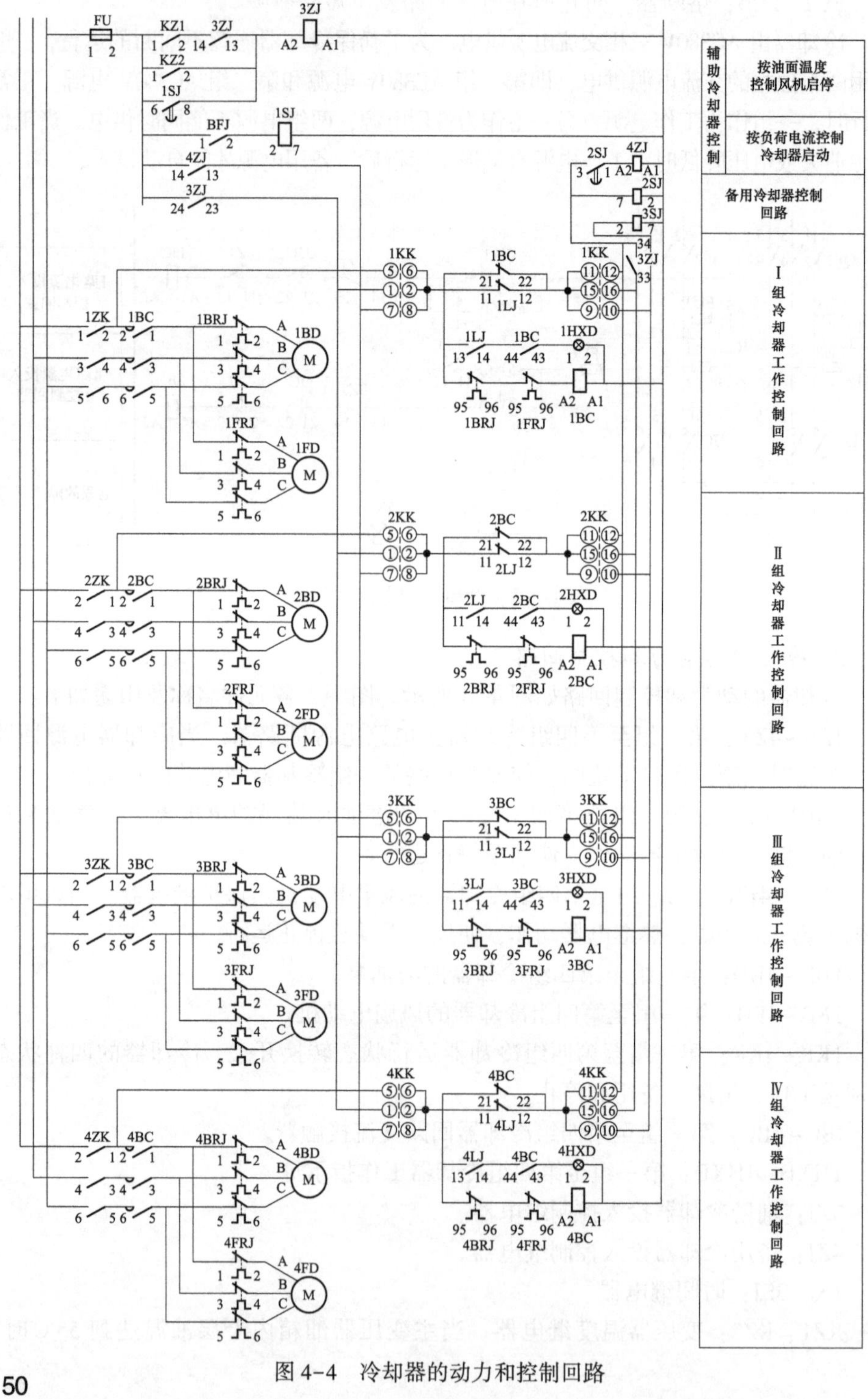

图 4-4　冷却器的动力和控制回路

3. 冷却器的信号回路

冷却器的信号回路如图 4–5 所示。图中，各元件名称及用途如下：

1XD、2XD：备用冷却器投入指示灯和备用冷却器故障指示灯。

3XD、4XD：Ⅰ电源故障指示灯和Ⅱ电源故障指示灯。

1K：投入电源控制选择开关。

2K：油温高跳闸选择开关。

ZJ：冷却器自动投入控制继电器。

5ZJ：控制电源监视继电器。当控制电源消失时，5ZJ 线圈断电，其动断触点启动信号回路。

BSJ1、BSJ2：时间继电器。

BXJ：信号继电器。

1DL~3DL：变压器各侧三相断路器辅助触点。

每组冷却器既能设置成工作冷却器，也能设置成备用冷却器或辅助冷却器。

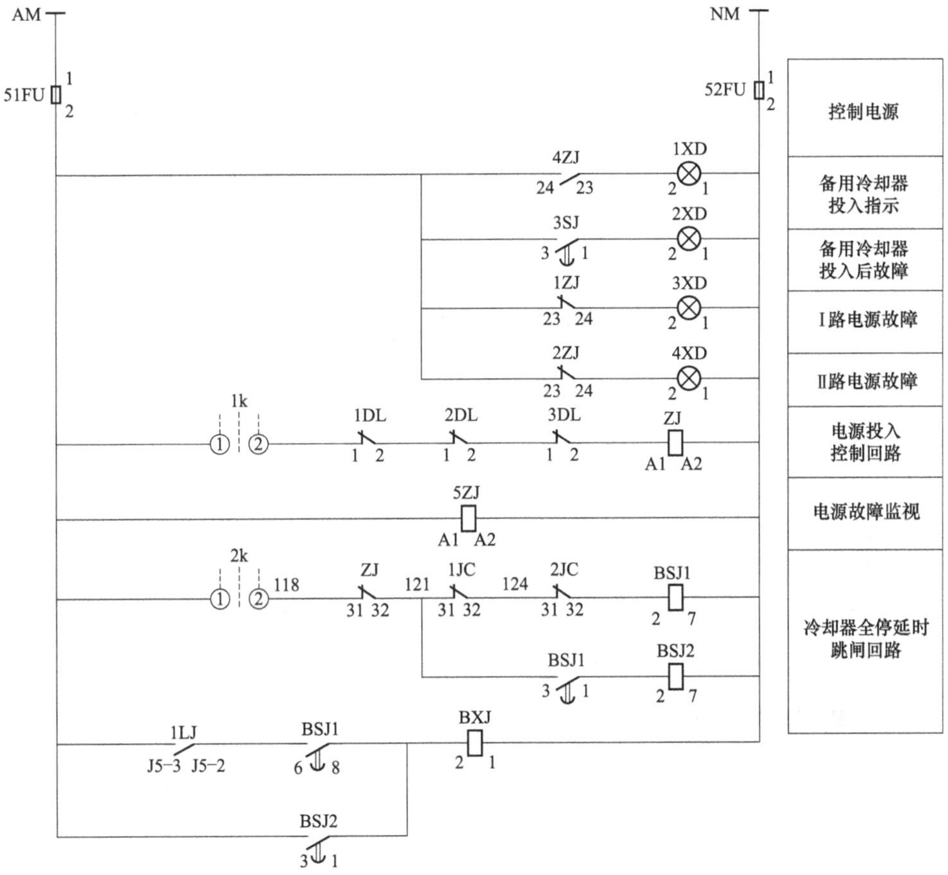

图 4–5　冷却器的信号回路

案例一　变压器冷却系统工作电源回路故障

一、故障现象

Ⅰ路电源投不上，Ⅱ路电源投入正常。到控制屏确认下列现象存在：

（1）Ⅰ路电源故障指示灯 3XD 不亮；Ⅱ路电源故障指示灯 4XD 不亮。指示灯状态示意如图 4-6 所示。

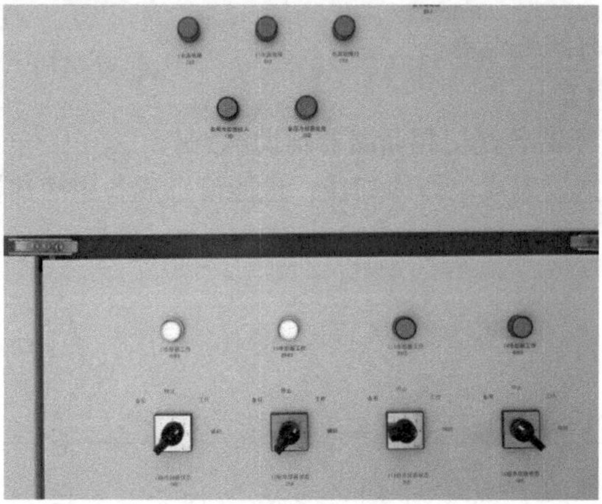

扫码观看彩图

图 4-6　指示灯状态示意图

（2）1ZJ 带电励磁，1JC 失电不吸和；2ZJ、2JC 带电励磁。

二、故障分析

根据变压器冷却器的电源回路图（见图 4-3），Ⅰ路电源投入后 1JC 不吸和，Ⅱ路电源正常投入工作，可能的原因如下：电源故障，熔断器 FU1 或 FU2 或 FU5 熔断，Ⅰ路电源主电路电源开关 QF1 故障，Ⅰ路电源的 1ZJ 继电器失电动作，Ⅰ路电源 1JC 故障，电源转换开关 SA1 故障，电源控制回路断线，等等。

以上各种故障都有可能造成工作中的第Ⅰ路电源不能给冷却器供电，需要在故障查找中逐步排查确定故障范围。

三、故障查找

根据上述分析，在查找故障时，首先需要采用排除法确定故障范围，尽可能将查找故障的范围缩小。具体做法如下：

经检查，QF1 开关在“合闸”位置，SA1 开关在“工作”位置；1ZJ 带电励磁，1JC失电不吸合，Ⅰ路电源故障指示灯3XD不亮。因此，可确认在Ⅰ路电源投入控制回路QF1至电源中性线N之间有断线。

确认在Ⅰ路电源投入控制回路中有断线后，参照冷却器的电源回路图4-3，按如下方法进行查找：

（1）验电笔快速查找法。

1）用验电笔检验Ⅰ路电源投入控制回路电源正常，并确认验电笔正常。

2）用验电笔从QF1的两端点开始向电源中性线N按顺序逐个接点测试（注意：查找断点时要把任意两个接点之间的导线视为电器元件，其两端的接点都要分别试）。查找顺序如下：

①QF1的5、6点；②FU5的1、2点；③SA1的1、2点；④1ZJ的14、13点；⑤ZJ的11、12点；⑥1JC的A1、A2点；⑦电源中性线N。验电笔测到哪个接点灭了，则说明断点在这个点和刚刚测试的接点之间。

例如：如果断点在1JC和电源中性线N之间，则测试1JC的A2点时验电笔亮，测试电源中性线N时验电笔不亮。

（2）万用表查找断线法。

1）将万用表切至大于380V的交流电压挡（750V），确认控制回路电源电压正常。

2）将万用表的一支表笔接于QF1的5点，另一支表笔从QF1的6点向电源中性线N按顺序逐个接点测量，顺序如下：①QF1的6点；②FU5的1点；③FU5的2点；④SA1的1点；⑤SA1的2点；⑥1ZJ的14点；⑦1ZJ的13点；⑧ZJ的11点；⑨ZJ的12点；⑩1JC的A1点；⑪1JC的A2点；⑫电源中性线N。万用表测到哪个点电压变成220V，则断点在这个接点和刚刚测量的接点之间。用万用表测量查找到的断点两端，如果有一定数值的电压存在，即可确认此处为回路断线的断点。

3）1JC失电不吸合，可用如下方法快速查找：将万用表的一支表笔接于1JC的A1点，另一支表笔接于QF1的1点，如果不是全电压（小于220V），说明其间无断点；再将万用表的一支表笔接于1JC的A1点，另一支表笔接于1JC的A2点，如果不是全电压（小于220V），说明1JC接触器无断点；最后将万用表的一支表笔接于1JC的A2点，另一支表笔接于电源中性线N时，电压变成全电压（220V），则说明断点在1JC的A2点和电源中性线N之间。

四、故障处理

在确认回路断线的断点后，处理方法如下：

查找到断点后，经确认无误，用回路短连线将断点两端的两个接点连接起来，工作电源回路故障处理如图4-7所示。Ⅰ路电源投入运行成功，则证明断点查找准确。

图 4-7　冷却系统工作电源回路故障的处理

案例二　变压器冷却系统工作冷却器无法正常运行

一、故障现象

第一、二组冷却器组投至“工作”状态，第一组冷却器组没有正常启动运行；延时后，第四组备用冷却器组自动投入运行。到控制屏确认下列现象存在：

(1) 冷却器状态开关 1KK、2KK 均指向“工作”，第一组冷却器工作指示灯 1HXD 不亮，第二组冷却器工作指示灯 2HXD 亮，第四组备用冷却器组工作指示灯 4HXD 亮，备用冷却器投入指示灯 1XD 亮。指示灯和开关状态如图 4-8 所示。

(2) 第一组冷却器组 1BD、1FD 未运行；第二组冷却器组 2BD、2FD 运行，第四组冷却器组 4BD、4FD 运行。油泵和风扇电动机运行状态如图 4-9 所示。

二、故障分析

根据变压器冷却器的动力和控制回路（见图 4-4），第一组工作冷却器不能正常投入运行，可能的原因如下：

(1) 控制回路故障：电源故障，控制回路断线，第一组冷却器组主电路电源开关 1ZK 故障，第一组冷却器组状态开关 1KK 故障，第一组冷却器组交流接触

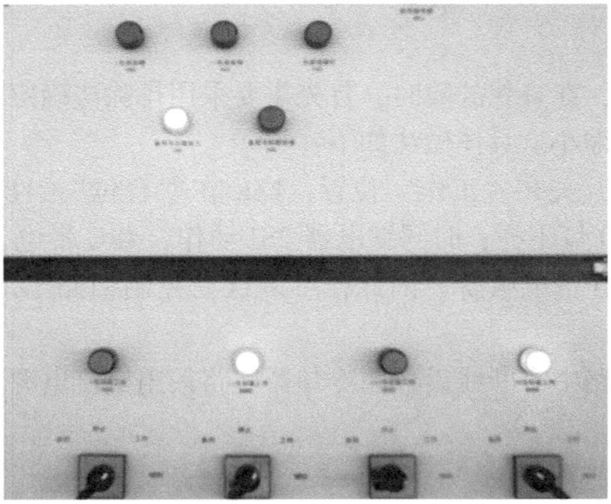

扫码观看彩图

图 4-8　指示灯和开关状态示意图

扫码观看彩图

图 4-9　油泵和风扇电动机运行状态示意图

器 1BC 故障。

（2）动力回路故障：电源故障，油泵电动机热继电器 1BRJ 动作，风扇电动机热继电器 1FRJ 动作，动力回路断线，油泵电动机 1BD 故障，风扇电动机 1FD 故障。

（3）电源回路故障：由于第二、四组冷却器组已经正常投入运行，可排除电源回路故障。

以上各种故障都有可能造成第一组工作冷却器无法正常投入运行，需要在故障查找中逐步排查确定故障范围。

三、故障查找

根据上述分析，在查找故障时，首先需要采用排除法确定故障范围，尽可能将查找故障的范围缩小。具体做法如下：

经检查，1KK 开关在“工作”位置；1ZK 在“合位”；1BRJ、1FRJ 未动作；1BC 未带电；1HXD 灯不亮；时间继电器 2SJ 动作，4BC 带电，4BD、4FD 运行；1ZJ、2ZJ、4ZJ、5ZJ 带电吸合。因此，可确认在控制回路 1ZK 至电源中性线 N 之间有断线。

确认在控制回路中有断线后，因冷却器回路采用交流电源，应按照如下方法进行查找：

(1) 验电笔快速查找法。

1) 用验电笔检验控制回路电源正常，并确认验电笔正常。

2) 依据图 4-4，用验电笔从 1ZK 的 1 点开始向电源中性线 N 按顺序逐个接点测试（注意：查找断点时要把任意两个接点之间的导线视为电器元件，其两端的接点都要分别试）。查找顺序如下：

①1ZK 的 1 点；②1ZK 的 2 点；③1KK 的 5 点；④1KK 的 6 点；⑤1BRJ 的 95 点；⑥1BRJ 的 96 点；⑦1FRJ 的 95 点；⑧1FRJ 的 96 点；⑨1BC 的 A2 点；⑩1BC 的 A1 点；⑪电源中性线 N。验电笔测到哪个接点灭了，则说明断点在这个点和刚刚测试的接点之间。

例如：如果断点在 1BC 的 A1 点和电源中性线 N 之间，则测试 1BC 的 A1 点时验电笔亮；测试电源中性线 N 时，验电笔不亮。

(2) 万用表查找断线法。

1) 将万用表切至大于 380V 的交流电压挡（750V），确认控制回路电源电压正常。

2) 依据图 4-4，将万用表的一只表笔接于第一组冷却器电源断路器 1ZK 的 1 点，另一只表笔从 1ZK 的 2 点向电源中性线 N 按顺序逐个接点测量：①1ZK 的 2 点；②1KK 的 5 点；③1KK 的 6 点；④1BRJ 的 95 点；⑤1BRJ 的 96 点；⑥1FRJ 的 95 点；⑦1FRJ 的 96 点；⑧1BC 的 A2 点；⑨1BC 的 A1 点；⑩电源中性线 N。万用表测量到哪个点电压变成 220V，则断点在这个接点和刚刚测量过的接点之间。用万用表测量查找到的断点两端，如果有一定数值的电压存在，即可确认此处为回路断线的断点。

例如：如果断点在 1BC 的 A1 点和电源中性线 N 之间，则测得 1BC 的 A1 点和电源中性线 N 之间电压为全电压（220V）。

四、故障处理

在确认回路断线的断点后，处理方法如下：

查找到断点后，经确认无误，用回路短连线将断点两端的两个接点连接起来。第一组工作冷却器无法正常运行的处理如图 4-10 所示。第一组冷却器组投入运行成功，则证明断点查找准确。

图 4-10 第一组工作冷却器组无法正常运行的处理

案例三 变压器超温时，辅助冷却器组未能正常投入运行

一、故障现象

第一、二组工作冷却器组运行正常，变压器上层油温升高（75℃），第三组辅助冷却器没有投入运行。到控制屏确认下列现象存在：

（1）变压器温度指示过高（75℃），变压器温度指示器如图 4-11 所示。

（2）第一、二组工作冷却器运行正常，1HXD、2HXD 指示灯亮，第三组冷却器不运行，3HXD 指示灯不亮；冷却器状态开关 1KK、2KK 在“工作”位置，3KK 在“辅助”位置。指示灯和开关状态如图 4-12 所示。

（3）第三组辅助冷却器 3BD 油泵和 3FD 风扇没有运转；1BD、2BD 油泵和 1FD、2FD 风扇运转正常。油泵和风扇电动机运行状态如图 4-13 所示。

二、故障分析

根据变压器冷却器动力和控制回路（见图 4-4），变压器油温过高而辅助冷却器未能投入运行，可能的原因如下：

（1）控制回路故障：

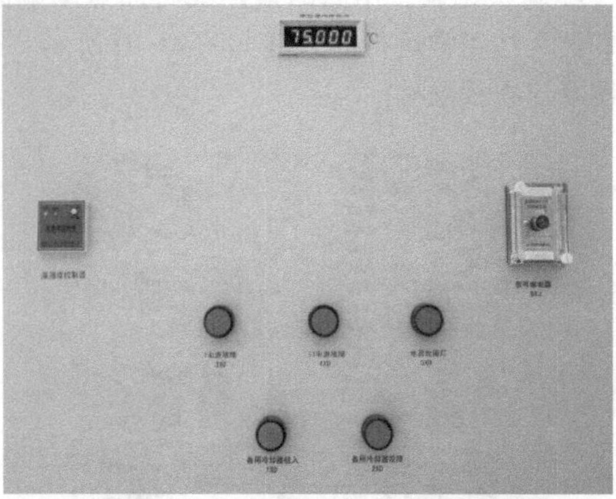

扫码观看彩图

图 4-11　变压器温度指示器状态示意图

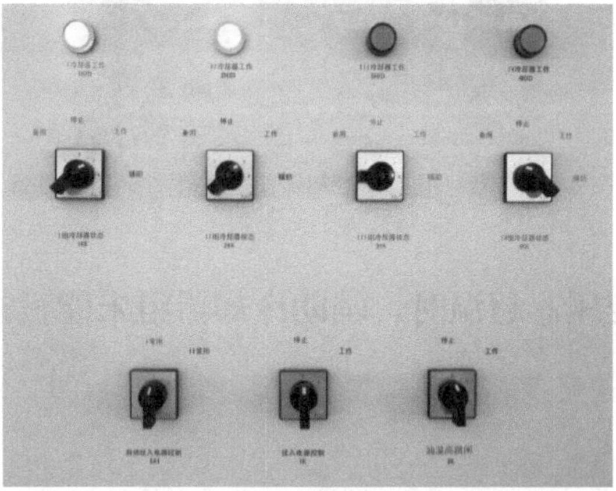

扫码观看彩图

图 4-12　指示灯和开关状态示意图

扫码观看彩图

图 4-13　油泵和风扇电动机运行状态示意图

电源故障，辅助冷却器组投入控制继电器 3ZJ 故障，辅助冷却器组主电路电源开关 3ZK 故障，辅助冷却器组冷却运行状态转换开关 3KK 故障，辅助冷却器组交流接触器 3BC 故障，控制回路断线。

（2）动力回路故障：

电源故障，油泵电动机热继电器 3BRJ 动作，风扇电动机热继电器 3FRJ 动作，动力回路断线，油泵电动机 3BD 故障，风扇电动机 3FD 故障。

以上各种故障都有可能造成在变压器油温过高时，辅助冷却器组不能正常投入运行，需要在故障查找中逐步排查确定故障范围。

三、故障查找

根据上述分析，在查找故障时，首先需要采用排除法确定故障范围，尽可能将查找故障的范围缩小。具体做法如下：

经检查，第三组冷却器状态开关 3KK 在“辅助”位置；电源开关 3ZK 在“合位”；3ZJ 已带电吸合；3BC 未动作，3HXD 灯不亮；3BRJ、3FRJ 未动作。因此，可确认在控制回路 3ZJ 至 3BC 之间有断线。

确认在控制回路中有断线后，因冷却器回路采用交流电源，应按照如下方法进行查找：

（1）验电笔快速查找法。

1）用验电笔检验控制回路电源正常，并确认验电笔正常。

2）依据图 4-4，用验电笔从 3ZJ 的 24 点开始向电源中性线 N，按顺序逐个接点测试（注意：查找断点时要把任意两个接点之间的导线视为电器元件，其两端的接点都要分别试）。查找顺序如下：

①3ZJ 的 24 点；②3ZJ 的 23 点；③3KK 的 1 点；④3KK 的 2 点；⑤3BRJ 的 95 点；⑥3BRJ 的 96 点；⑦3FRJ 的 95 点；⑧3FRJ 的 96 点；⑨3BC 的 A2 点；⑩3BC 的 A1 点；⑪电源中性线 N。验电笔测试到哪个接点灭了，则说明断点在这个点和刚刚测试的接点之间。

例如：如果断点在 3ZJ 的 23 点和 3KK 的 1 点之间，则测试 3ZJ 的 23 点时验电笔亮，测 3KK 的 1 点时，验电笔不亮，这说明在 3ZJ 触点之后和 3KK 开关之前有断线。

（2）万用表查找断线法。

1）将万用表切至大于 380V 的交流电压挡（750V），确认控制回路电源电压正常。

2）依据图 4-4，将万用表的一支表笔接于第三组辅助冷却器投入控制继电器 3ZJ 的 24 点，另一支表笔从 3ZJ 的 23 点向电源中性线 N 按顺序逐个接点测量。测试顺序如下：①3ZJ 的 23 点；②3KK 的 1 点；③3KK 的 2 点；④3BRJ 的

95 点；⑤3BRJ 的 96 点；⑥3FRJ 的 95 点；⑦3FRJ 的 96 点；⑧3BC 的 A2 点；⑨3BC 的 A1 点；⑩电源中性线 N。万用表测量到哪个点电压变成 220V，则断点在这个接点和刚刚测量过的接点之间。用万用表测量查找到的断点两端，如果有一定数值的电压存在，即可确认此处为回路断线的断点。

例如：如果断点在 3ZJ 的 23 点和 3KK 的 1 点之间，则测得 3ZJ 的23 点和 3KK 的 1 点之间电压为全电压（220V）。

四、故障处理

在确认回路断线的断点后，处理方法如下：

查找到断点后，经确认无误，用回路短连线将断点两端的两个接点连接起来，变压器超温时，辅助冷却器组未能正常投入运行的处理如图 4-14 所示。第三组辅助冷却器组投入运行成功，则证明断点查找准确。

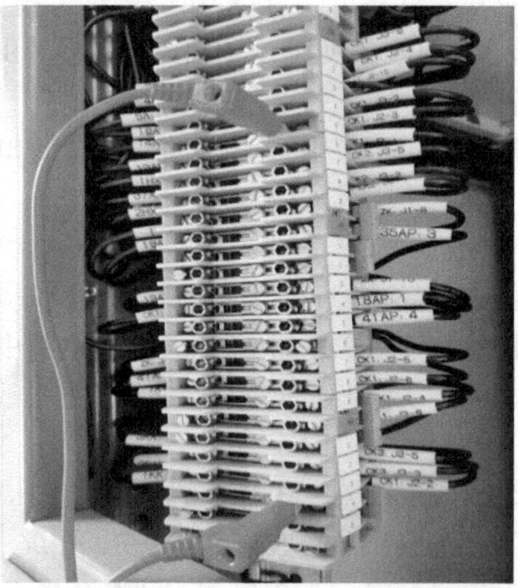

图 4-14　变压器超温时辅助冷却器组未能正常投入运行的处理

案例四　变压器冷却系统备用冷却器组未能正常投入运行

一、故障现象

运行中第一组工作冷却器组因故停运，第四组备用冷却器组没有正常投入运行。到控制屏确认下列现象存在：

(1) 第一组冷却器组状态开关 1KK 在“工作”位置，第四组备用冷却器组状态开关 4KK 在“备用”位置；工作指示灯 1HXD 灭，经延时备用冷却器投入指示灯 1XD 亮；备用冷却器工作指示灯 4HXD 不亮；备用冷却器故障指示灯 2XD 不亮（由于第一组冷却器组断线故障导致 3SJ 未能带电动作）。指示灯和开关状态如图 4-15 所示。

扫码观看彩图

图 4-15　指示灯和开关状态示意图

（2）第一组冷却器组的油泵 1BD、风扇 1FD 电动机停转；第四组冷却器组的油泵 4BD、风扇 4FD 未启动。油泵和风扇电动机运行状态如图 4-16 所示。

扫码观看彩图

图 4-16　油泵和风扇电动机运行状态示意图

二、故障分析

根据变压器冷却器动力和控制回路（见图 4-4），运行中第一组工作冷却器组因故停运，备用冷却器组没有正常投入运行，可能的原因如下：

（1）控制回路故障：电源故障，控制回路断线，第四组冷却器组主电路电源开关 4ZK 故障，第四组冷却器组状态开关 4KK 故障，第四组冷却器组交流接触器 4BC 故障，备用冷却器控制回路的 4ZJ 或 2SJ 继电器故障。

(2) 动力回路故障：电源故障，油泵电动机热继电器 4BRJ 动作，风扇电动机热继电器 4FRJ 动作，动力回路断线，油泵电动机 4BD 故障，风扇电动机 4FD 故障。

以上各种故障都有可能造成运行中的第一组工作冷却器因故停运而备用冷却器组没能自动投入的故障，需要在故障查找中逐步排查确定故障范围。

三、故障查找

根据上述分析，在查找故障时，首先需要采用排除法确定故障范围，尽可能将查找故障的范围缩小。具体做法如下：

经检查，1BRJ 、1FRJ 未动作；1BC 失电，1HXD 灯灭；1BD、1FD 已停止运行。4KK 开关在“备用”位置；4BD、4FD 未转动；4BC 未动作；4HXD 灯未亮；备用冷却器控制回路 2SJ 动作、4ZJ 继电器带电。因此，可确认在控制回路有故障。

确认在控制回路中有故障后，因冷却器回路采用交流电源，应按照如下方法进行查找：

(1) 验电笔快速查找法。

1) 用验电笔检验控制回路电源正常，并确认验电笔正常。

2) 依据图 4-4，用验电笔从 4ZJ 的 14 点开始，向电源中性线 N，按顺序逐个接点测试（注意：查找断点时要把任意两个接点之间的导线视为电器元件，其两端的接点都要分别试）。查找顺序如下：

①4ZJ 的 14 点；②4ZJ 的 13 点；③4KK 的 7 点；④4KK 的 8 点；⑤4BRJ 的 95 点；⑥4BRJ 的 96 点；⑦4FRJ 的 95 点；⑧4FRJ 的 96 点；⑨4BC 的 A2 点；⑩4BC 的 A1 点。验电笔测试到哪个接点灭了，则说明断点在这个点和刚刚测试的接点之间。

例如：如果断点在 4ZJ 的 13 点和 4KK 的 7 点之间，则测试 4ZJ 的 13 点时验电笔亮，测试 4KK 的 7 点时验电笔不亮。

(2) 万用表查找断线法。

1) 将万用表切至大于 380V 的交流电压挡（750V），确认控制回路电源电压正常。

2) 依据图 4-4，将万用表的一支表笔接于第四组备用冷却器投入控制继电器 4ZJ 的 14 点，另一支表笔从 4ZJ 的 13 点向电源中性线 N 按顺序逐个接点测量。测量顺序如下：①4ZJ 的 13 点；②4KK 的 7 点；③4KK 的 8 点；④4BRJ 的 95 点；⑤4BRJ 的 96 点；⑥4FRJ 的 95 点；⑦4FRJ 的 96 点；⑧4BC 的 A2 点；⑨4BC 的 A1 点；⑩电源中性线 N。万用表测量到哪个点电压变成 220V，则断点在这个接点和刚刚测量过的接点之间。用万用表测量查找到的断点两端，如果有一定数值的电压存在，即可确认此处为回路断线的断点。

例如：如果断点在4ZJ的13点和4KK的7点之间，则测得4ZJ的13点和4KK的7点之间电压为全电压（220V）。

四、故障处理

在确认回路断线的断点后，处理方法如下：

查找到断点后，经确认无误，用回路短连线将断点两端的两个接点连接起来，工作冷却器组故障，备用组未能正常投入运行的处理如图4-17所示。备用组冷却器组投入运行成功，则证明断点查找准确。

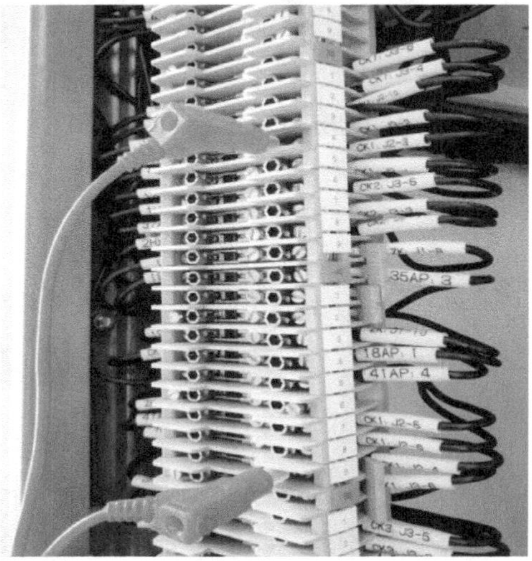

图4-17　工作冷却器组故障时备用组未能正常投入运行的处理

案例五　变压器冷却系统动力回路故障

一、故障现象

运行中的第二组工作冷却器停运，第四组备用冷却器组延时自动投入运行。到控制屏确认下列现象存在：

（1）第二组冷却器组状态开关2KK指向“工作”位置，工作指示灯2HXD灭；第四组备用冷却器组状态开关4KK指向“备用”位置，工作指示灯4HXD亮，备用冷却器投入指示灯1XD亮。指示灯和开关状态如图4-18所示。

（2）第二组冷却器组的油泵电动机2BD停止转动、风扇电动机2FD正常运行；第四组冷却器组的油泵电动机4BD、风扇电动机4FD运行。油泵和风扇电动机运行如图 4-19 所示。

扫码观看彩图

图 4-18　指示灯和开关状态示意图

扫码观看彩图

图 4-19　油泵和风扇电动机运行状态示意图

二、故障分析

根据变压器冷却器动力和控制回路（见图 4-4），运行中的第二组工作冷却器突然停运，可能的原因如下：

（1）控制回路故障：电源故障，控制回路断线，第二组冷却器组主电路电源开关 2ZK 故障，第二组冷却器组状态开关 2KK 故障，第二组冷却器组交流接触器 2BC 故障。

（2）动力回路故障：电源故障，油泵电动机热继电器 2BRJ 动作，风扇电动机热继电器 2FRJ 动作，动力回路断线，油泵电动机 2BD 故障，风扇电动机 2FD 故障。

以上各种故障都有可能造成运行中的第二组工作冷却器突然停运，需要在故障查找中逐步排查确定故障范围。

三、故障查找

根据上述分析，在查找故障时，首先需要采用排除法确定故障范围，尽可能将查找故障的范围缩小。具体做法如下：

经检查，2KK 开关在“工作”位置；2ZK 在“合位”；2BC 带电动作，2HXD 灯灭；2BRJ、2FRJ 未动作，2BD 停止运转，2FD 运转正常；2SJ 动作，4BD、4FD 投入运行，1XD、4HXD 指示灯亮。因此，可确认在动力回路的油泵电动机回路有故障。

确认在动力回路中有故障后，因冷却器回路采用交流电源，应按照如下方法进行查找：

（1）验电笔快速查找法。

1）用验电笔检验动力回路电源正常，并确认验电笔正常。

2）依据图 4-4，用验电笔从 2BC 的 1 点开始向油泵电动机 2BD 按顺序逐个接点测试（注意：查找断点时要把任意两个接点之间的导线视为电器元件，其两端的接点都要分别测试）。查找顺序如下：①2BC 的 1 点；②2BRJ 的 1 点；③2BRJ 的 2 点；④2BD。验电笔测试到哪个接点灭了，则说明断点在这个点和刚刚测试的接点之间。

3）用验电笔从 2BC 的 3 点开始向油泵电动机 2BD 按顺序逐个接点测试（注意：查找断点时要把任意两个接点之间的导线视为电器元件，其两端的接点都要分别试）。查找顺序如下：①2BC 的 3 点；②2BRJ 的 3 点；③2BRJ 的 4 点；④2BD。验电笔测试到哪个接点灭了，则说明断点在这个点和刚刚测试的接点之间。

4）用验电笔从 2BC 的 5 点开始向油泵电动机 2BD 按顺序逐个接点测试（注意：查找断点时要把任意两个接点之间的导线视为电器元件，其两端的接点都要分别测试）。查找顺序如下：①2BC 的 5 点；②2BRJ 的 5 点；③2BRJ 的 6 点；④2BD。验电笔测试到哪个接点灭了，则说明断点在这个点和刚刚测试的接点之间。

例如：如果断点在 2BC 的 1 点和 2BRJ 的 1 点之间，则测试 2BC 的 1 点时验电笔亮，测试 2BRJ 的 1 点时验电笔不亮；如果断点在 2BC 的 3 点和 2BRJ 的 3 点之间，则测试 2BC 的 3 点时验电笔亮，测试 2BRJ 的 3 点时验电笔不亮。

（2）万用表查找断线法。

1）将万用表切至大于 380V 的交流电压挡（750V），确认控制回路电源电压正常。

2）依据图 4-4，将万用表的一支表笔接于第二组工作冷却器回路交流接触器 2BC 的 1 点，另一支表笔从 2BRJ 的 1 点向 2BD 按顺序逐个接点测量。测量顺序如下：①2BRJ 的 1 点；②2BRJ 的 2 点；③2BD。万用表测量到哪个点电压变成 220V，则断点在这个接点和刚刚测过的接点之间。用万用表测量查找到的断点两端，如果有一定数值的电压存在，即可确认此处为回路断线的断点。

3）将万用表的一支表笔接于第二组工作冷却器回路交流接触器 2BC 的 3 点，另一支表笔从 2BRJ 的 3 点向 2BD 按顺序逐个接点测量。测量顺序如下：①2BRJ 的 3 点；②2BRJ 的 4 点；③2BD。万用表测量到哪个点电压变成 220V，则断点在这个接点和刚刚测过的接点之间。用万用表测量查找到的断点两端，如果有一定数值的电压存在，即可确认此处为回路断线的断点。

4）将万用表的一支表笔接于第二组工作冷却器回路交流接触器 2BC 的 5 点，另一支表笔从 2BRJ 的 5 点向 2BD 按顺序逐个接点测量。测量顺序如下：①2BRJ 的 5 点；②2BRJ 的 6 点；③2BD。万用表测量到哪个点电压变成 220V，则断点在这个接点和刚刚测过的接点之间。用万用表测量查找到的断点两端，如果有一定数值的电压存在，即可确认此处为回路断线的断点。

例如：如果断点在 2BC 的 1 点和 2BRJ 的 1 点之间，则测得 2BC 的 1 点和 2BRJ 的 1 点之间电压为全电压（220V）；如果断点在 2BC 的 3 点和 2BRJ 的 3 点之间，则测得 2BC 的 3 点和 2BRJ 的 3 点之间电压为全电压（220V）。

四、故障处理

在确认回路断线的断点后，处理方法如下：

查找到断点后，经确认无误，用回路短连线将断点两端的两个接点连接起来，冷却系统动力回路故障的处理如图 4-20 所示。第一组冷却器组投入运行成功，则证明断点查找准确。

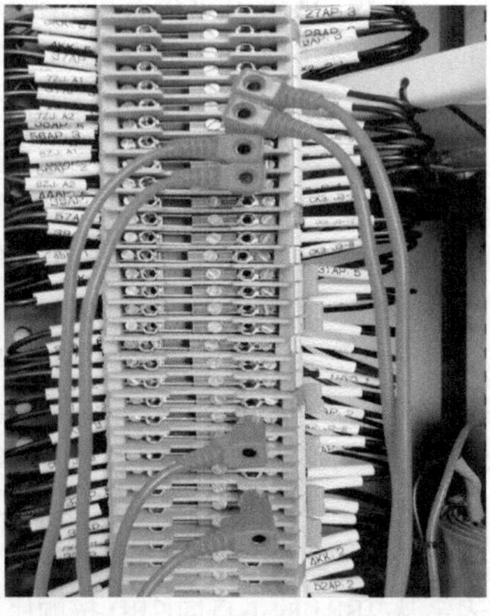

图 4-20　冷却系统动力回路故障的处理

参　考　文　献

[1] 戴宪滨. 变电站二次回路及其故障处理典型实例. 北京：中国电力出版社，2013.
[2] 荀堂生. 变电二次系统实用技术. 北京：中国电力出版社，2010.
[3] 徐志恒. 变电站二次回路知识读本. 北京：中国电力出版社，2014.